インドネシアの土地紛争

―言挙げする農民たち―

中島成久

創成社新書
48

はしがき

本書は、1998年以降のポストスハルト時代に頻発したインドネシアの土地紛争の淵源とその後の展開を分析することを主眼にしている。土地紛争というローカルな問題が、軍や地方政府のビジネスというインドネシアの政治文化と深くかかわり、それゆえ、インドネシアを取り巻く重層的な問題であることを明らかにした。土地紛争を詳細に検討すると、中央での民主化の流れに逆行する、激しい暴力の存在が併存する「改革時代」のインドネシアの一断面を描き出すことができたと自負している。

しかし、研究を進めていくうちに、土地紛争の問題は1870年のオランダ植民地時代の土地法の改正にまでさかのぼることを痛感した。そのことはすでに、アン・ストーラーが『プランテーションの社会史――デリ、1870~1979』(拙訳)のなかで指摘していることである。ストーラーは「マルクスとブローデルの方法を融合させた」歴史人類学的な研究を行うと宣言している。

本書は昨年の4月には刊行される予定であった。ところが種々の理由で刊行が遅れてしまった。その間に特にアブラヤシ開発をめぐる問題で研究上の進展があり、書き直したいところも出てきた。そこで、この「はしがき」の場を借りて、そうした部分の一部を補っておきたい。

第3章で詳述したアブラヤシ開発の問題では、当初、アブラヤシ農園の所有形態には、政府農園と私企業農園の2種類しかないと仮定していたのであるが、現在では、「民衆農園」の面積が増大していることに気づいた。

民衆農園とは、私営農園、国営農園以外の農園の所有形態である。その所有者の多くは不在地主である。大規模農園が減り、その分民衆農園が増加している。その理由は、大規模資本はアブラヤシ農園を直接経営するよりも、CPO（パーム オイル原油）生産や第二次加工の方に力点を移しつつあるからである。アブラヤシ農園を経営するのは、農地の確保、労働者の管理、生産性の保証など、意外に面倒なことで、巨大な資本はそうした純農業部門からは次第に撤退し、より付加価値の高い部門への事業に特化しつつある。

アブラヤシの生産を川上とすれば、ＣＰＯ生産はその中流域であり、最後に種々の加工品に精製するのが川下での産業である。インドネシアではせいぜい中流域までの生産が行われていて、中流から川下は、マレーシアやシンガポール、あるいは輸入先の諸国でなされている。１９９８年のアジア経済危機以降は、インドネシアにおけるアブラヤシ産業がマレーシア資本の傘下に繰りこまれつつある。

西スマトラ州西パサマン県でのアブラヤシ生産についての最新の統計を示しておきたい（本文１０６～１０８頁参照）。２００８年統計では、西パサマン県のアブラヤシ生産面積は14万６７００ヘクタールに増えているが、アブラヤシ果房生産高（ＣＰＯ生産高は不明）は２４３万ｔで２００５年以来ほとんど増加していない。生産面積の増大の大きな要因は、民衆農園が増大し、大規模農園が減少した結果である。

本書でしばしば登場する、ウィルマル・グループとは、クオック・クーン・ホン氏（シンガポール大学ビジネス経営学科卒）とマルトゥア・シトルス氏（メダンのノメンセン大学卒）の２人により１９９１年創業された。インドネシアとマレーシアを中心に、アブラヤシ栽培、ＣＰＯ生産、植物性脂質、オレオケミカル製品生産、バイオディーゼル生産を行っている。本社はシンガポールにあり、世界20カ国（インドネシア、マレーシア、中国、インド、ヨーロッパ）で生産を行っている。従業員8万人、300以上の加工工場を持ち、世界50カ国に製品を販売している東南アジア最大のコングロマリットである。

マルトゥア・シトルス氏はバタック人で、ニアス島に人脈があり、そこから大量のアブラヤシ農園労働者をリクルートしている。ニアス人の賃金が安いし、何よりも「使いやすい」そうだ。

デリ・プランテーション地帯には19世紀末まず中国人クーリーが導入されたが、リクルートにコストがかさむこと、また中国人が反抗的になることがわかると、次第に「おとなしい」ジャワ人労働者を連れてくるようになった。実際にはそうでないことが明らかになるのだが、北スマトラに最大50万人ものジャワ人労働者が存在するようになった。ニアス人労働者の大量雇用は、国内での安い従順な労働者を求める歴史を繰り返している。

また、第4章で述べた、パムジャヤ（ジャカルタ市水道公社）の民営化が、スエズ社とテムズ社という「水メジャー」によりなされたことを指摘したが、ほぼ同じころ、マニラ水道事業も民営化されている。それは私のゼミ生の研究テーマであるが、それによると、テムズ社と日本の三菱商事などの外国資本が、巨額の財政資本の投入を条件に、マニラ地区の水道事業だけではなく、下水、し尿処理などを一手に請け負う事業契約を結んだ。民営化により、政府の赤字は解消し、サービスは向上するものと期待されたが、現実には採算が取れず、テムズ社は後にこの事業から撤退した。パムジャヤのケースでも、テムズ社もスエズ社も、事あるごとに「要求が容れられなければ撤退する」と政府を脅していて、民営化という動きが必ずしも地域住民にはいい結果につながっていない証拠である。

本書を執筆するための筆者による西スマトラを中心とした土地紛争の研究は、以下の研究助成金によってなされた。ここに深く御礼を申し上げたい。

まず、文部科学省科学研究費基盤研究（C）による研究である。2000年以来ほぼ毎年継続して研究費をいただき、この分野の研究を発展させることができた。2000〜2003年（課題番号12610316）、2004〜2007年（課題番号16520509）、2007〜2010年（課題番号19520711）。それに、2010〜2013年（継続中、課題番号22520831）。

また、京都大学地域研究統合情報センター（CIAS）からは、筆者を代表者として

「アジア太平洋におけるリージョナリズムとアイデンティティ」（2007～2009年）、「土地権、環境、暴力─インドネシアにおけるアブラヤシ開発をめぐる諸問題」（2009～10年）というプロジェクトに資金援助をいただいた。

さらに、法政大学国際文化学部からはCIASの研究を補完するために3年間、学部企画としてこのプロジェクトを支えていただいた。

それに加えて、昨年4月から「アブラヤシ研究会」（世話役：林田茂樹氏、岡本正明氏、石川登氏）に加えていただき、毎回多様なゲストによる刺激に富んだ研究会から、多くのことを学ぶことができた。その成果は本書では十分に生かせてはいないが、今後さらなる成果を上げることができる見通しは十分得られている。

本書は新書版という形式のため、細かい議論を行うよりも、インドネシアにおける土地紛争の大きな見取り図を示し、他の領域とのコラボレーションの可能性を探ることに重点を置いている。新書であり、また異業種の方々が読むという前提で書いたため、日本語と英語文献を中心に取り上げた。インドネシア語の文献は必要最低限にとどめている。必要な方は個別の文献を参照していただきたい。また、本文中では細かい引用は行っていないことをお断りしておく。

昨年脱稿した時点よりも、中国経済のプレゼンスははるかに大きくなったが、同時に民衆の土地を強制的に収容することにともなう紛争が頻発しているとのニュースをよく耳にする。社会主義中国では土地の私有権が認められていないのでこうした強制的な土地収用が可能とされているが、インドネシアでも事実上そうした強制的な土地収用はなされてきた。筆者の研究が、他の途上国での開発と土地権、あるいは先住民権と土地権の問題との比較の可能性を切り開く糸口となれることを強く期待している。

２０１１年２月

著者記す

目次

インドネシア地図

タイ
ベトナム
フィリピン
ブルネイ
マレーシア
アチェ
リアウ群島州
マレーシア
北スマトラ
シンガポール
北スラウェシ
ゴロンタロ
東カリマンタン
リアウ
西カリマンタン
中スラウェシ
西スマトラ
ブリトゥン
ジャンビ
バンカ群島州
中カリマンタン
北マルク
南スマトラ
パプア
ベンクルー
南カリマンタン
南スラウェシ
ランプン
ジャカルタ
マルク
パプア
ニューギニア
東南スラウェシ
中ジャワ
バンテン
西ジャワ
東ジャワ
バリ
西ヌサ・
テンガラ
東ヌサ・
テンガラ
東チモール
インドネシア
オーストラリア

西スマトラ州地図

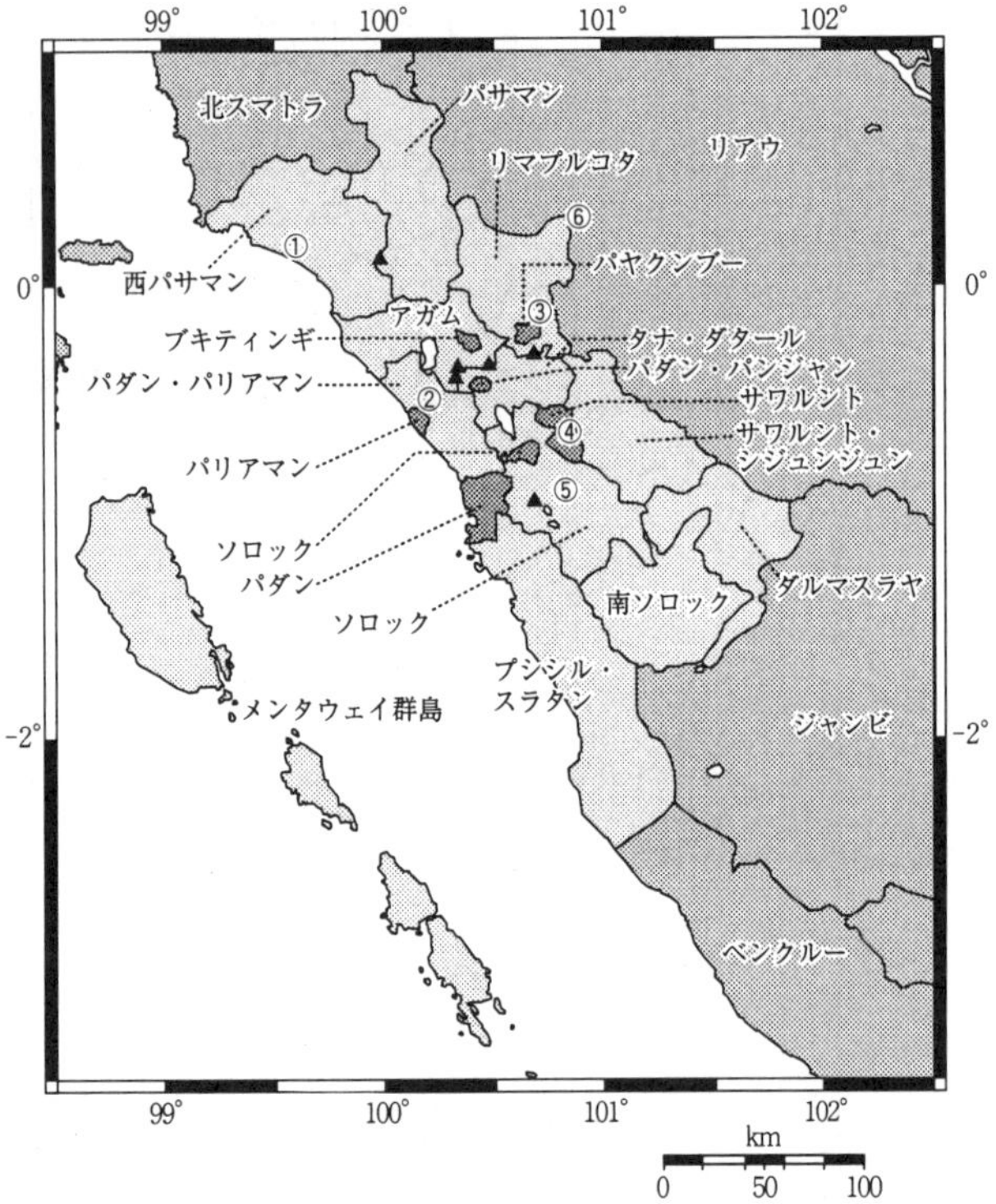

① カパール／ササック

② カパロヒララン／シチャウン灌漑

③ ムンゴ／スンガイ・カムニャン

④ オンビリン

⑤ ブキット・ゴンポン

⑥ コトパンジャン

紛争地利害関係図

紛争地		紛争の主因	紛争の当事者	経過
西スマトラ州	カパロヒララン	・共有地権 ・ゴム農園	軍（パダン軍分区）＋タロ支村 vs 慣習法会議＋他の住民	・植民地時代永借地権設定 ・1965年軍接収 ・98年闘争激化 ・2003年ブルナカルヤ社の事業権県に返還 ・共有地は無政府状態
	シチャウン灌漑地区	・水利権 ・パダン・パリアマン県の新県都決定による取水	パダン・パリアマン県＋パリット・マリンタン村 vs 4ナガリフォーラム（カパロヒララン以下8村）	・2008年新県都決定 ・09年5月シチャウン灌漑より給水決定 ・7月反対運動激化
	ムンゴ	・共有地権 ・農業省による肉牛ビジネス	優良家畜飼育局＋スンガイ・カムニャン vs 上ムンゴ	・植民地時代馬牧場 ・独立後畜養センター ・1974年肉牛ビジネス開始 ・98年より闘争激化 ・警察の掃討作戦 ・上ムンゴ住民の孤立化
	スンガイ・カムニャン（SK）	・水利権 ・共有地権	・水利権 パヤクンブー市水道公社 vs SK ・共有地権 リマプルコタ県 vs SK	水利権 ・1974年水道公社による取水開始 ・98年闘争激化 ・取水への補償金獲得 共有地権 ・1970年民間牧場 ・95年事業権失効にともなう返還要求 ・98年闘争激化し，ナガリの管理下
	ブキット・ゴンポン（ナガリ・コトガダン）	・氏族の共有地権 ・コーヒー園 ・県庁施設	ソロック県 vs スク・タンジュン	・植民地時代のコーヒー園として永借地権 ・1965年政変を機に県が掌握 ・98年以降，氏族が返還の裁判
	カパール	・共有地権 ・アブラヤシ開発	ウィルマル・グループ＋西パサマン県＋警察＋ナガリ多数派 vs ナガリ少数派	・1989年アブラヤシ開発決定 ・90年決定の正当化の手法で対立 ・96年PHP社に事業権 ・97年（50：50）原則の確認 ・98年少数派は「約束」された土地での耕作開始 ・2000年少数派へのテロ増加 ・08年少数派の共有地の「売却」
	オンビリン	・共有地権 ・石炭開発	オランダ植民地政府，インドネシア政府＋石炭公社＋西スマトラ州知事＋ビジネス関係者 vs 関連ナガリ住民，移住者	・1892年採炭事業開始 ・関連するナガリへの補償の不十分さ ・独立後も植民地的状況は継続 ・98年以降，違法採炭急増 ・採炭事業をめぐる国家，地方，労働者をめぐる紛争激化
西スマトラ州／リアウ州	コトパンジャン地区	・共有地権 ・ダム開発	JBIC＋JICA＋東電設計＋インドネシア政府 vs コトパンジャン地区住民（2ナガリ）	・1979年ダム計画 ・90年代強制移住開始 ・96年ダム完成 ・2002年被害者住民日本政府を提訴 ・09年原告敗訴
リアウ州	シアック県	・アブラヤシ開発 ・貧困対策	シアック県＋アブラヤシ研究所＋現地住民	・2006年の「友好」政策により，県を上げて，土地のない貧困農民への土地供給 ・例外的な成功例

南スマトラ州	ウォノレジョ村	・ジャワ人移民の農地 ・アブラヤシ開発	MMM社＋州政府＋農業者 vs ジャワ人移民＋地域先住民	・1970年代ジャワ人移民の受け入れ ・ジャワ人移民は周囲の先住民と融和 ・93年MMM社によるアブラヤシ開発 ・97年大規模山火事を契機に紛争が激化 ・98年以降住民へのテロが激化
西ジャワ州	スカブミ県	・水利権 ・ウォータービジネス＋水道公社	ウォータービジネス資本＋水道公社＋スカブミ県 vs 地域住民	・1970年代よりウォータービジネスの開始 ・74年水利事業法 ・90年代アクア社はダノン社と提携 ・97～98年の経済危機を経て，国際水ビジネス資本の参入 ・2004年水源法 ・ウォータービジネスの隆盛と住民の生活の疲弊
	タポス郡	・スハルトファミリーによる牧場経営 ・「不法占拠」農民	スハルト大統領＋西ジャワ州 vs タポス住民	・植民地時代は茶園 ・独立後周辺農民が占拠し，管理，耕作 ・1974年牧場完成後，排除 ・98年闘争激化 ・2000年以降，牧場の一部で耕作していた農民の排除
	チマチャン村	・1986年チボダスゴルフ場計画	ゴルフ場資本＋チアンジュル県＋チマチャン村 vs 耕作農民	・1987年ゴルフ場計画 ・県と村の承認 ・98年闘争激化 ・2001年地方自治後反対派農民村議会議員に当選 ・地方自治の後退により敗北
ジャカルタ市	ムアラ・バル地区	・水道事業の民営化 ・地域のボスによる水事業	国際水ビジネス資本（テムズ＋ライオネーズ）＋インドネシア政府＋プレマン vs 貧困地区住民	・1995年ジャカルタ市水道公社の分割民営化 ・改革時代以降水道料金の値上げ ・地域のボスによる水事業 ・貧困地区での給水困難 ・恒常的に海水の浸入
東ジャワ州	ジュンガワ郡	国営タバコ農園の土地返還	国営タバコ農園 vs 地域農民	・1960年代国営タバコ農園操業 ・98年，国営農園は地域住民に土地分与を決定 ・2002年土地権証書の不完全性をめぐって闘争が再燃
西カリマンタン州	サンガウ県	・開発移民 vs 先住民（A） ・中核農園 vs プラスマ農民（B） ・「友好」政策によるアブラヤシ開発（C）	・マドゥラ移民 vs ダヤック系先住民（A） ・国営アブラヤシ農園＋移民労働者 vs ダヤック系先住民（プラスマ農民）(B) ・サンガウ県＋アブラヤシ資本 vs 土地提供農民（C）	（A） ・1960年代末中国系住民への排斥，首狩り ・マドゥラ人の入植は，ダヤック系先住民との対立激化 ・97年紛争の激化，首狩り ・98年マドゥラ移民の撤退 （B） ・1970年代国営アブラヤシ農園操業 ・ダヤック系先住民から土地の提供を受け，プラスマ農民となり，移民は中核農園労働者 ・マドゥラ人という「敵」の明示化で，他の移民は安泰 （C） ・2006年「友好」政策開始 ・開発の事前説明の不足，80：20という土地分配政策も将来に禍根を残すおそれあり

＊本文の内容の要約。

序章　土地紛争、改革時代の幕開け

土地紛争との出会い

それは1998年9月初旬のことだった。私はインドネシア、西スマトラ州の州都パダン市にある国立アンダラス大学で集中講義を行っていた。98年の5月、32年間続いたスハルト政権が終焉を迎え、「改革」時代が始まっていた。だが、この年は97年以来の経済危機が頂点に達し、国内経済は逼迫した。また、スマトラやカリマンタンでの大規模な山火事の発生で、「核の冬」を思わせる光景が世界中を震撼させた年でもあった。

私の集中講義のテーマは、「日本の環境民俗学」であった。上梓したばかりの拙著『屋久島の環境民俗学』（明石書店、2010年改訂増補版発行）をベースにして、伝統社会における資源管理、クジラやサルなどの野生動物と人間との関わり、それに明治時代の入会権闘争などについて話をした。その中でもとくに、入会権（共有地）の問題が学生の関心を呼んだ。

日本では地租改正で国有林に編入された入会地の返還を求める「国有林下げ戻し裁判」が明治中期から大正にかけて闘われた。江戸時代に屋久島の住民は屋久スギを伐採することで、年貢を払っていた。屋久島の山（奥岳）は島民の共有財（村持ち）であった。屋久島でも地租改正によりこうした共有地が官有林に編入され、その後島民により下げ戻し裁判が闘われた。

受講していた学生は口々に、「それと同種の闘いが、現在この西スマトラでも進行中である」と私に告げた。

スハルト退陣後、西ジャワのタポスやチマチャンで、スハルト時代に土地を奪われた農民がスハルト牧場やチボダス・ゴルフ場に入り、耕作を開始したニュースは知っていた。また、彼らが「成田闘争」に倣って闘っている、ということを知り合いのジャーナリストから教えられたこともあった。さらに、スハルト時代にODAなどの開発援助により、クドゥンオンボやコトパンジャンで巨大なダムが建設され、移住を余儀なくされた住民がいることももちろん知っていた。

日本における入会権裁判闘争は、日本の近代化の過程の中、江戸時代には認められてい

ムンゴの共有地で耕作する農民

た入会地（共有地）を国家の管理下に組み込んでいく際に起きた闘いであった。その闘いは多くの場合国家の勝利に終わったが，その後日本政府は入会権の扱いに慎重になり，漁業権とか入浜権という形で現在にまで継続されている。

日本が１００年以上前に経験したことを，20世紀末のインドネシアでは現在進行形で闘っていると，私の説明を聞いた多くのインドネシアの人びとは理解し，私自身も迂闊にもそう思った時期もあった。だが，そうした理解は皮相的なものであることを後に痛感した。西スマトラのオンビリンでの石炭開発が進められた19世紀末に早くも，共有地の不当な開発に周辺住民が抗議を行い，その闘いは現在にまで至っている。改革時代に噴出した土地紛争も，スハルト時代から抵抗は続いていた。だが、軍と警察、それに企業が雇ったプレマン（やくざ、チンピラ）などからの暴力で沈黙を余儀なくされたケースが多かった。

慣習法共同体の発見

インドネシアの土地紛争を考える場合、1870年は大きな節目となった年である。この年に制定された法的体系が現在に至る紛争の出発点をなしている。1870年とはオランダ植民地時代に採用された、近代法と慣習法という二元的な法体系を認める法的多元主義の淵源となった年であるからだ。

1870年はそれまでの強制栽培制度が終わり、自由主義時代の始まりの年である。土地二法（「土地基本法」と「土地令」）が制定され、「国有地宣言」がなされた。宅地や水田以外の土地は、「荒蕪地」「無主地」とされ、オランダの国有地と宣言されたのである。そしてそうした無主地の開発のために、最長75年間の「永借地権」（Erpacht）が資本を投下する企業に与えられた。その結果、タバコや、コーヒー、ゴムなどの商品作物のプランテーションがインドネシア各地で操業を始め、また石炭、錫、金などの鉱山開発が行われるようになった。

さらにこの年には「砂糖条例」が施行され、ジャワでのサトウキビの強制栽培制度が廃止された。これによってジャワにおける「強制栽培制度」の時代が終わり、私企業の自由な投資を認める「自由主義経済期」が始まった。しかし自由主義経済による収奪が厳しさを増すにつれて、現地社会の疲弊が目立つようになり、よりソフトな植民地支配の様式が模索されるようになった。20世紀初頭の「倫理政策」時代の到来である。

長引くアチェ戦争（1873～1912）の善後策を求める植民地政府は、イスラーム研究ですでに名声を博していたフルック・フルフローニェにアチェ社会の研究を委嘱した。フルフローニェは2年間アチェに滞在し、1906年『アチェ人』を出版した。彼はオランダ人のイスラームへの無知とアチェ政策を厳しく批判した。だが同時に、アダット（慣習法）と呼ばれる独自の文化が存在し、イスラームはアダットの外部に存在するものと理解した。植民地政府はアダット社会と共存すべきだが、イスラームに基づく抵抗の論理の排除を主張した。

フルフローニェの研究はその後ファン・フォーレンホッフェンに引き継がれ、「オランダ慣習法学派」と呼ばれる膨大な研究を残すことになった。この学派の主張は倫理的な植民地支配の正当化である。ブーケの「二重経済論」や、ファーニバルの「複合社会論」は現在でも影響力を持っている。

ミナンカバウの誕生

西スマトラでも1870年に国有地宣言がなされた。その背景には、1840年に始まった西スマトラでのコーヒーの強制栽培制度が次第に行き詰まり、ジャワと同じように私企業の資本投下による開発が構想されたためである。

西スマトラでのコーヒーの強制栽培は、ジャワでのサトウキビの強制栽培と大きく異なる。稲作適地に栽培されるサトウキビと違って、コーヒーは水田耕作の行われていないラダン（畑）や山林で栽培された。そうした土地は、村の共有地であるか、住民の親族集団の「所有」する共有地であった。彼らはそこでコーヒーを自由に栽培できたが、世界市場での販売権はオランダが一手に握った。

国有地宣言がなされたとは言っても、それはバタビア（現在のジャカルタ）の植民地当局の考え方であって、西スマトラでとてもそれを実行できなかった。つまり、共有地として利用されている土地はミナンカバウ人の意識の中では強烈で、行政を直接担っている役人たちは怖くて手が出せない。共有地も国有地だと宣言されたけれども、土地への自由なアクセス権というものは、西スマトラではほとんどない、という風に現場の人びとは考えていた。

こうした矛盾を解決する一番いい方法は永借地権を設定し、長期のリースをすることだった。1876年に最初にリース契約がなされ、19世紀末までに2、600バウ（バウというのはオランダ特有の土地の計量法で、1バウが約0・7ヘクタール、2、600バウは約1、500ヘクタール）の土地に永借地権が設定された。

ジャワでの強制栽培制度が1870年に終わったのに対して、西スマトラのコーヒーの強制栽培制度は20世紀初頭まで続いた。そこから上がる利益が初期の頃と比べるとうまみのあるシステムにならなくなっても、ずるずるとその制度は維持されてきた。その背景には、この制度に協力した現地人コラボレーターの存在が重要である。彼らは「プンフールー・ララス」と呼ばれていて、通常のアダットの規定がおよぶ最大の範囲であるナガリ（母系慣習法村）を超えて、複数の村（ナガリ）を管理する現地人役人であった。当然オランダによって厚遇され、通常のミナンカバウ人では考えられないほどの土地を与えられ、ミナンカバウ社会の階層化を進展させた。

しかしながら、ついにオランダも西スマトラでの強制栽培による収益をあきらめざるをえなくなる時がやってきた。それに代わって考えられたのが人頭税方式である。これに対して1908年、アガム県のカマンで西スマトラ最大の反乱が起きた。それまでは村の指導者が、彼の管轄下にあるだれがどの程度のコーヒーを納入したかを管理していた。だが人頭税方式が導入され、1人1人税金を納めないとならなくなると、そうした権威の体系が崩壊してしまう、という不満が反乱の大きな理由だった。

こうした反乱の背景を当局は認めざるをえなくなり、1914年にナガリ条例が制定された。ナガリをミナンカバウにおける最小の自律的な行政組織として認め、そこでの慣習法（アダット）と共有地権も認めた。「ミナンカバウ社会は自律的なナガリ共和国からなる連邦である」という言説がこうして生まれた。

現在の西スマトラには540程の村（ナガリ）がある。この数は固定しているのではなく、人口の増減により生成発展している。ナガリは共通したアダットを持つ集団ととらえるべきであろう。ナガリ内での同一氏族（スク）の結婚は原則禁止されているし、母系最大リネッジ（カウム）の所有する家屋敷、田畑、称号などの相続問題、共有地の管理など成員のさまざまな生活規範を規定するのがアダットである。

リネッジとは直接血縁関係がたどれる親族集団で、その結束は固く、このレベルではミナンカバウ母系制の変化はあまり認められない。スク（氏族）とは、その系譜関係は明確にたどれないが、ある共通の祖先（女性）から派生してきたとみなされる親族集団のことで、このスクが4つ（以上）集まってナガリは構成される。

アダットを慣習法と通常訳すが、法のレベルを超えて、日常の規範まで規制する。違反者には課徴金や追放という制裁も科される。このナガリが植民地化以前においても、独立した政治的集団であると考えることはできない。ましてや植民地体制下に組み込まれた後、またインドネシアの独立後は国民国家の枠組みの中で、ナガリは再編を余儀なくされていった。

改革時代の土地紛争

アントン・ルーカスとキャロル・ウォレンによる、改革時代に燃え盛った土地紛争の特徴を、私はつぎの2つに要約したい。

①　農地改革を主張するジャワでの闘い

これはタポスやチマチャンの闘いに最も典型的にみられるもので、ジャワに特有な闘いである。オランダ植民地時代に永借地権の設定された土地はインドネシアの独立後、周辺住民の占有する農地になった。1960年の「土地基本法」とそれに引き続く農地改革（ランドリフォーム）の過程で、こうした「不法占拠民」へ土地が付与されていく動きが盛り上がった。だが1965年の政変でスカルノが失脚し、スハルト政権が登場すると、農地改革への期待は「公共の利益」の名の下に圧殺されていった。

農地改革を推進する最大の政治勢力であったインドネシア共産党がスハルト政権下で壊滅したことも大きな要因である。農地改革を唱えることはすぐに共産主義者と同一視され、急速にそうした要求はしぼんでいった。多くのアグリビジネス企業に事業権が設定され、農民のアクセス権は否定された。そのため、「改革」時代の到来とともに、農民が抑圧された主張を実力行使で表現し始めたケースである。

② 外島での慣習法に基づく共有地の返還を求める闘い

このケースは私が集中的な調査を行っている西スマトラでの闘いがその典型である。一口に「共有地」といっても、広いインドネシアでは多様な形態を示す。しかし、母系社会ミナンカバウの共有地（タナ・ウラヤット）がその代表であることは、フォーレンホップエンなど多くの研究者の一致した考え方である。条件のいい共有地は、植民地時代にコーヒーやゴムのプランテーション、あるいは鉱山開発に利用された。独立を経てスハルト時代になると、軍や政府に接収され事業権が発行されたケースが多く、改革時代にその返還を求める闘いが展開された。こうした共有地は農地改革の対象ではない。

このケースでは、土地基本法とともに、１９６７年の森林法が重要である。この法律によりインドネシアの森林の70％は国家の所有する森林とされた。スハルトに近い業者に森林事業権が与えられ、熱帯林の伐採とその後に続く開発（アカシアなどの産業造林とアブラヤシなどのプランテーションの造成）により、現地住民の権利が大きく阻害され、紛争が頻発した。

改革時代初期の熱気を、ルーカス＆ウォレンはつぎのように記している。

改革が始まって以来、全インドネシアで農民による抵抗が再現している。１９６０年代初期を彷彿とさせる行動は、土地のない農民による数十年間闘われた直接的な闘いであった。こうした行動のなかに、プランテーションの土地、ゴルフコース、あるいはデイベロッパーにより投機的に獲得されたが放棄されている「眠った土地」の占拠などがあった。そうした行動は経済危機による日常の食糧不足に関連する。他の抗議としては、不当に安い値段で接収された土地に対する追加的な補償を求める闘いがあった。中には、自分の着ていた衣服を脱ぎ去り、ブルドーザーの前に座って、スハルト一族に奪われた土地の返還を求めた西ジャワ・タポスの農民もいる。しかし当局はしばしばこうした抗議の声に暴力を用いた。国家機構の制止のないところでは、ディベロッパーはプレマンを使った。

ルーカスとウォレンが指摘するように、農民による決起は、しばしば激しい暴力にさらされた。その激しさは「改革」時代による民主化は、地方にはおよんでいないと多くの人びとを慨嘆させるものであった。改革後10年を経て、こうした土地紛争はどのような現状にあるのか。また、彼らの闘争は世界大的に考えるとどのように位置づけられるのか。

本書は、筆者の研究した西スマトラでの共有地返還運動の事例と、ルーカスやその他の研究者、NGO活動家による報告を比較しながら検討する。さらに本書では、インドネシアにおけるウォータービジネスと土地紛争の問題を検討する。これは先進国のウォーター ビジネス資本によるインドネシアの水資源の民営化の問題である。

こうした土地紛争の問題を検討していく過程で、インドネシア政府の肝いりで進められてきた「トランスミグラシ」（開発移民、国内移民）で外島に入植した人びとが紛争の「キープレーヤー」であることに筆者は気づいた。

開発移民政策はすでに20世紀初頭から、オランダ植民地支配の下で始まっている。北スマトラのデリと呼ばれるプランテーション地帯やオンビリン鉱山のクーリー（苦力）として、ジャワ人が組織的に連れてこられた。

スハルトの開発政策が本格化すると、国家的な規模で開発移民政策が進められた。土地のない大量のジャワ人をまだ人口希薄な外島へ移住させ、熱帯林伐採後の跡地で農業を行わせ、食糧増産を図るという目論見であった。だが、そうした政策には先住民の慣習法に基づく土地権への配慮はまったくなく、現地住民と大きなトラブルを引き起こしてきた。

しかし、アブラヤシ開発がブームとなると、１９９０年代に世界銀行の融資によりＮＥＳプログラム（中核農園・小規模農民計画）が進められた。これは中核となる資本・企業が現地住民から土地を得て、土地を提供した住民に平均２ヘクタールの土地を所有する小規模農民としてアブラヤシ栽培に従事してもらう。そして、開発移民として移住してきた人びとを中核農園の労働者として雇用、再定住化させるというプログラムである。あるいは移住者に土地を提供し、小規模農民としてアブラヤシを栽培してもらう。しかしながら、それによってさらに軋轢は高まったとみていいだろう。開発移民は現地住民とは異なる社会集団を形成し、しばしば資本・権力側の手先として使われている。

本書では土地紛争の一環として、コトパンジャン・ダムの建設で移住を余儀なくされた人びとのことを取り上げる。彼らは現在でこそ行政的にリアウ州と西スマトラ州にまたがって住んでいるが、オランダ時代から独立期初期までは西スマトラ州に属していた。民族的にはミナンカバウ人である。本書において開発援助で移住を余儀なくされた人びとを「ディアスポラ」(強制的な離散)ととらえる。そのことにより、より広範な問題群との結びつきを認識できるだろう。

オランダ植民地時代以来、ジャワとそれ以外のインドネシアを「内領」対「外領」と対比して呼んできた。これは地政学的な特徴で対比されたのであるが、現在でもその伝統は引き継がれて、「ジャワ」対「外島」という表現はしばしば用いられる。本書でもそうした用法を踏襲する。

第1章　開発の正当性——地方からの反乱

1998年5月21日スハルト大統領が辞任した。序章で述べたように、この時を契機に、インドネシア各地でスハルト時代に不当に取り上げられた土地の返還運動が急速に高まった。本章では、西スマトラの事例（ナガリの共有地でのゴム農園と牛牧場）と西ジャワ・チマチャンでのゴルフ場問題、タポスでのスハルト牧場問題を取り上げる。こうした闘争の背景とその後の展開には共通性がみられるが、村と土地の性格は異なる。

一方はミナンカバウ母系制の慣習法村（ナガリ）を基礎づける共有地である。他方はそうした共有地ではないが、植民地時代には茶園として「永借地権」が設定されていた土地である。だが、独立後は村有地として位置づけられていた。農民はそこを「不法占拠」していたといわれるが、村に借地料を払い続けていて、慣習的に農民の占有権は認められていた。こうした闘争は大きなうねりを引き起こしたが、やがて村内部の分裂を招き、そこ

マニンジャウ湖に面するミナンカバウ特有の家

を上位の行政権力や軍、企業に突かれ、後退を余儀なくされていった。

カパロヒララン、1998年

スハルトの辞任から2週間後に、西スマトラ州パダン・パリアマン県のナガリ、カパロヒラランで、軍に接収された共有地の返還を求める闘いが宣言された。

ナガリ慣習法会議議長のダトック・ラジャ・マンクト氏は、村の若者グループの支持を得て、改革組織の結成を呼びかけ、全ナガリ構成員にこの闘いに参加するよう訴えた。6月「共有地返還チーム」が結成された。「返還チーム」は県議会議長に手紙を出し、軍の経営するプルナカルヤ社の農園の即時返還を求めた。そして、

５００人規模のデモ隊が、県都のパリアマン市にある県議会建物に押し掛けた。8月には、プルナカルヤ社の本社建物に2回目のデモが敢行された。

彼らはテレビや新聞で報道されるジャカルタでの「改革」に大いに刺激され、スハルト時代に抑えられてきた主張を公然と掲げた。そして、何よりも共有地に対する住民の権利を認め、速やかに返還するよう求めた。

軍は１５００㌶ある全共有地の半分以上に達する８００㌶を占拠し、そのうちの７００㌶がゴム農園に利用され、残りが軍関係者の建物や観光施設に充てられていた。そして、プルナカルヤ社の利益の75%はパダン軍分区（軍管区の下の組織）の収益に回され、国庫に納められていなかった。一部の住民を除いて、地元にはほとんど利益が還元されておらず、過去住民が軍の暴力による被害をしばしば受けてきた。

こうした住民の激しい抗議活動に8月、パダン軍分区とプルナカルヤ社は村びととの共有地権を認め、ゴム園から上がる利益を今後、村、軍、プルナカルヤ社が3等分する提案を行った。そして、軍と同社は、これまでの迷惑料として「チーム」に1、３００万ルピア（当時のレートで約1、３００ドル）を支払った。共有地の返還を勝ち取るまでには至らないながらも、軍に彼らの権利を認めさせたという意味では大きな「勝利」であった。

植民地時代のカパロヒララン

カパロヒラランは、州都のパダンと観光地のブキティンギの中間にある農村である。現在でも、村びとの70％は水田耕作を営んでいる。人口は約6、400人（2005年統計）。面積は33万ヘクタール。タンディカット山（2、438ｍ）の南麓部に位置し、村の大半は広大な保護林地帯である。

1904年、オランダの企業が村の共有地の470ヘクタールに「永借地権」を獲得した。さらに1923年、ドイツの企業が68ヘクタールを貸借し、主にゴムが栽培された。後に、タンディカット・ラマ＆バル（新旧タンディカット）農園と呼ばれるようになった。この永借地権は75年間（1904〜1979年）有効であるとされた。

インドネシアに最初のゴム栽培が行われたのは、1907年北スマトラのデリにおいてである。西スマトラでゴム栽培が始まったのが、1916年であるから、最初期の頃、この農園で何が栽培されたかは不明である。

また、日本軍政時代（1942〜45年）にはそのままゴム園栽培が続けられた。スマトラは陸軍第25軍が管轄し、その本部がブキティンギに置かれた。日本軍のインドネシア占領政策は、ジャワの米と外島の石油やゴムなどの資源確保が目的であった。デリ・プランテーション地帯では、米の生産を上げるために、ゴム農園を潰して、稲作が強制された。だが、西スマトラでは米は豊富に生産されるので、その必要性が少なかった。ただ生産されたゴムは制海権を日本が失うにつれて、港に野積みされたままの状態であった。

共産党とタンディカット農園

独立後新旧タンディカット農園は、村びとと退役軍人が共同で管理していた。1958年植民地時代の外国企業の資産を国有化する法案が通過した。西スマトラ州で国有化されたのは、パダンの外港であるテルック・バユール港、パダンセメント、それにオンビリン炭鉱である。新旧タンディカット農園は国有化の対象になってはいない。

同じ年に、「インドネシア共和国革命政府」(PRRI)による反乱が起きた。左傾化するスカルノの路線に反対した政府指導者グループが、ブキティンギを臨時首都としてPRRIを結成し、中央政府への反乱を開始した。中央政府軍の中核を担ったのが、中ジャワのディポネゴロ師団である。軍人の多くはインドネシア共産党の影響が大きく、反乱鎮圧後、西スマトラでは共産党が地方政府の人事に介入した(その反動で1965年の政変後、西スマトラでも多くの虐殺が行われた)。このディポネゴロ師団の西スマトラ制圧後、ジャワ人移民がプランテーションの労働者として入植してきた。

ＰＲＲＩ反乱を収束させたディポネゴロ師団がその経営に大きく関与したのは疑う余地がない。１９６０年リアウ州への長期の出稼ぎから戻ったＢ氏が、ディポネゴロ師団から経営権を委譲されたことはその間の事情を説明する。多くの村びとが雇用されたが、カパロヒラランの慣習法指導者たちはＢ氏の突出を好ましく思わなかった。

１９６５年9月30日深夜（10月1日未明）起きた戦後のインドネシア政治の分水嶺は、このカパロヒラランにも激震をもたらした。スハルトが軍の権力を掌握し、インドネシア各地で、権力奪取を狙ったとされた共産党員への虐殺が始まった。そして、Ｂ氏以下３名の農園のトップは、9月30日事件に関与したとして逮捕され、処刑された。

西スマトラはインドネシアの中で共産党が活発な活動を行った州の1つである。１９２６年の第一次共産党蜂起事件で、オンビリン炭鉱のオランダ人を狙った爆弾事件が計画され、その首謀者とそれに同調したジャワ人移民労働者が多数逮捕された。

プルナカルヤ社

とにかく、１９６５年が大きな変わり目の年であった。１９６９年農園の実権をパダン軍分区が掌握した。軍は「協同組合」を作り、その農園の経営を行うようになった。その後現役軍人は直接ビジネス活動ができなくなったので、74年プルナカルヤ社が設立され、退役軍人が名目的な社長になって経営を行うようになったが、実質的な経営権と利潤はパダン軍分区が握っていた。1990年同社に事業権が発行された。

スハルト時代のインドネシアでは、国家予算の中の軍人への人件費は必要額の20～30％程度の額であったといわれる。当然これではやっていけないので、何らかのビジネスでの副収入が不可欠となる。合法的なもの、違法なものを含めて、こうした副収入は、トップが個人的な懐を肥やすというよりも、組織全体のために行われることが多かった。

インドネシアは家族国家だとよくいわれたが、組織の長はその組織（家族）のためにあらゆる手段を使って金を集め、それを部下に分配する。上は大統領から、下は軍分区まで、さまざまな手法による集金活動が国家組織を支えた。プルナカルヤ社をパダン分管区が必要とした背景には、こうした財政上の事情がある。

改革時代における軍ビジネスを研究したリーフェル＆プラモダワルダニは、軍ビジネスがインドネシア軍創設以来の「伝統」であることを以下のように述べている。「1945～50年の独立革命時代においては、オランダ軍と戦う地域の部隊は自前の収入を得る活動に忙しかった。スカルノ時代（1950～65）には、外国企業が国有化され、多くの軍将校が突然そうしたビジネスの経営を任され、軍の経済活動は一挙に拡大した。スハルト時代（1965～98）にはこうした活動がピークに達した。1997～98年の経済危機は銀行システムを大きく破壊したので、軍・国家の信用に基づくビジネスは消し去られてしまった」。

パダン軍分区は村の共有地だけではなく、水源も管理するようになった。第4章で詳述するが、カパロヒラランには豊かな水源がある。1975年小さなミネラルウォーター企業が2社操業を始めた。89年にはパダン・パリアマン県水道公社がカパロヒラランの水源から取水を始め、99年には新たな企業が水ビジネスを開始した。こうした事業のすべては、軍の許可の下行われていて、軍には相当なリベートが支払われているはずである。

内部分裂

「返還チーム」の勝利に最も衝撃を受けたのは、同じ村のタロ支村の住民である。村の下部単位がコロンとかジョロンと呼ばれる組織で、本書では支村と表記する。カパロヒラランには4つの支村がある。他の3つの支村の住民の大半が水田耕作民であるのに対して、タロは面積が21万㌶もあり、その大半は保護林である。カパロヒラランの共有地はタロの中にある。そのため、多くの住民がプルナカルヤ社の労働者として働いている。

タロの特徴はそれだけではない。ＰＲＲＩ反乱終結後、１９６０年代にジャワからの開発移民が農園の労働者として移住してきた。現在２、４００人のタロの住民の3分の1は、ジャワ人移民かその子孫である。プルナカルヤ社の全労働者を管理するマンドル（監督）はジャワ人であった。また、タロのミナンカバウの住民との通婚も進んでいて、カパロヒラランの中では異質なコミュニティである。実際、「返還チーム」にはタロの住民はほとんど参加せず、様子見を決め込んでいた。

タロの住民は、プルナカルヤ社の使っている土地はすでに国有地であると認めていた。しかし、軍と同社が、村、村慣習法会議と利益を共有するとの協議に達したことで、彼らは自分たちが享受してきた権益が大きく損なわれるようになることを恐れた。従来は、タロ以外の他の支村の住民はプルナカルヤ社の労働者として雇用されなかっただけではなく、薪などをとるために共有地に入ることさえ禁じられていた。収集された薪の販売権を軍関係者が握り、他の住民はそれを買わざるをえなくなっていた。それが、他の住民と利益を分割せざるをえなくなることは、タロの住民はこれまでの特権を失い、彼らの地位が村の中で大きく低下することを意味する。

98年10月、40人のタロの指導者の連名で、軍、プルナカルヤ社、「共有地返還チーム」の3者で締結された確認事項に反対する宣言がなされた。彼らは「返還チーム」の闘いそのものには反対はしないが、闘いのリーダーシップに疑問を呈した。まず、軍から支払われた1、300万ルピアが「チーム」内で不正に利用されたと主張し、また、村の慣習法会議が「政治的な」闘いの主体になるのは、法律違反であると訴えた(「チーム」の代表の説明では、2回のデモの車代や飲食費に消えたとのことであるが、これが主要な問題ではない)。

1979年の村落法によって、全インドネシアの地方組織はジャワのデサをモデルとして単一の行政組織に統一された。スハルトの地方支配の強化策の一環である。オランダ時代から地方行政の最小組織として機能してきたミナンカバウのナガリは解体され、支村を基礎にする行政村(デサ)が多数作られた。村長は住民の直接選挙で選ばれたが、退役軍人や元官僚が選ばれることが多く、ナガリの伝統的な権威の体系は大きく破壊された。

ナガリ慣習法会議とは、デサ制度の導入によりミナンカバウの伝統が破壊されるとの不満を抑えるために、1983年州政令によって組織化されたものである。オランダ時代にも同じ名前の組織はあったが、「慣習法に関わることだけを扱い、政治的な問題は権限外」だとくぎを刺されている。

タロの住民はこの規定を援用し、議長のダトック・ラジャ・マンクト氏の辞任を要求した（実際彼はその数カ月後辞任したが、2003年復活）。さらに、2000年7月、タロの住民はカユタナム郡内の新しいナガリとして独立したいとの要望を、西スマトラ州知事に提出した。1999年の地方自治法によって、旧来のナガリが復活することが既定の事実となり、カパロヒラランも2001年4月に元のナガリが復活した。新時代を画する地方自治の時代に突入した。タロの住民は、そうした外部の動きに、「独立」という手段で対抗しようとしたのである。

新たな村が認められるには、少なくとも4つのスク（母系氏族、クラン）の存在と、2,000人以上の人口、独立したモスクなどの要件を満たしていることが必要である。ただし現代では、県知事の許可がいる。ところが、新しく選ばれたナガリ長も、パダン・パリアマン県知事もタロの住民の要望を認めなかった。ナガリを分割するには共有地問題を解決しなければならず、タロの独立を認めることは、カパロヒラランの他の住民の共有地権を否定することであるから、誰もそこまで問題を大きくしようとは願わなかった。

笑顔のカパロヒラランの元闘士とのインタビュー

しかし、こうしたタロの住民の動きに軍は大いに力を得て、プルナカルヤ社は先の協定を公然と否定し、今後も経営を続けていく意思を明らかにした。

無政府状態の共有地

パダン軍分区とプルナカルヤ社がゴム農園からの収益を地元の住民と分割しようと提案したことにより、住民はこれまで以上に大胆になり、ゴム園の経営は大打撃を受けた。98年以降ゴム園の生産はそれまでの半分以下に落ち込んだ。

98年以前も住民がゴム園に入って、ゴムの木を伐採して売る、という「抵抗」は頻繁に起こっていた。ゴムの木は薪材として高値で取引さ

ゴム園を伐採し，自分たちの好きなものを植えるカパロヒラランの住民

れた。98年9月、プルナカルヤ社の社長が個人的な見解ながら、住民の共有地権を認め、これまでの軍の行動を遺憾とする旨の書簡を「返還チーム」宛てに送った際には、慣習法会議長は住民に、勝手に農園に入って伐採を行わないように、という警告を行った。

にもかかわらず、住民の抵抗はなくならなかった。そればかりか、より大胆になり、ゴムを伐採した後、跡地にカカオ、アボカド、クローブなどの現金収入の得られる植物を植えて、自分の管理する土地だと主張する者が多数現れた。2003年には農園内の40ヘクタールがそうした「自主管理」下に置かれた。

さらに、軍よりも高値でゴムシートを買い取るという仲買業者が登場するようになり、会社の業績は悪化した。軍に製品を卸していた人びとでも、より高値で買ってくれる業者に卸したがる。当然軍に卸す量は減ってくる。個々の労働者の管理まで軍はできないからだ。こうしたことにより、タロの労働者の収入は、逆に増えた。

共有地の利用に際しては厳格な規則がある。村びとなら誰でも利用する権利がある。個人で利用することも可能だが、集団で広い土地を企業経営的に利用することも可能である。とにかく、そうした共有地利用の細則は各村の慣習法会議の大きな権限であった。そうした利用権は更新できるが、相続の対象ではない。

ところがカパロヒラランでは、誰もそうした共有地利用の権限を発揮できない状態に陥っている。

こうした混乱の中、プルナカルヤ社は業績悪化のため事業権料の支払いもできなくなってしまい、ついに、2003年事業権を土地局によって破棄された。だが事業権そのものはパダン・パリアマン県が保持している。いったん事業権が設定されると、それはほぼ永久的に国家の管理下に置かれる。現状ではこの事業権がカパロヒラランに返還される可能性は小さく、また別の企業に事業権が与えられる可能性は残っているし、しばしばそうした例はある。

カパロヒラランのプルナカルヤ社がゴム園を経営していた土地は、完全に無政府状態になっている。現在のパダン・パリアマン県知事のムスリム・カシム氏は、県政府の事業だと言って、2006年、旧農園内でドラゴンフルーツの栽培を始めた。おそらく知事の「個人的な」事業であろう。07年にはより大規模な面積への投資を行った。ところが、共有地使用のための「補償料」は一体だれがもらっているのか、はっきりしていない。第4章でも取り上げるが、この知事は地方自治時代に拡大した権限を利用して、私腹を肥やしている。

改革時代のムンゴ

ムンゴは、リマプルコタ県ルアック郡の一ナガリであり、県都であるパヤクンブー市の北東、車で20分ほどの距離に位置している。サゴ山（海抜2、483m）の北麓に位置する。広さは1、070ヘクタール、人口は8、200人である（2003年統計）。1979年の村落法によって、10の行政村（デサ）に分かれた（89年3つのデサに統合された）が、99年の地方自治法に基づき2001年ナガリ・ムンゴが行政単位として復活した。

1974年、ムンゴの共有地の250ヘクタールが農業省家畜庁直轄の牧場（現在の名称は、

BPTU（優良家畜飼育局）本部，スンガイカムニャン

BPTU【優良家畜飼育局】）になり、土地を失った住民がその返還を求めている。

この村の問題を考える場合、上ムンゴと下ムンゴという地形による歴史と産業構造の違いに注目する必要がある。彼らの日常用語の中にも「上、下」の区別はよく出てくる。ムンゴというナガリが成立した際、主に住民は下ムンゴに住み、水田耕作、養魚池での淡水魚養殖を行っていたのであろう。だが、人口増加とともに、人びとは高地に活動域を広げていった。上ムンゴでは水が得にくいので、ラダン（灌漑されていない畑）での陸稲やキャッサバ、野菜などの二次作物（パラウィジャ）栽培と家畜飼育に従事するようになった。下ムンゴでは農業用水は、隣の村であるスンガイ・カムニャンのバタ

鉄条網で囲われたムンゴの共有地

ン・タビットの泉から流れる川に依拠している。だから、スンガイ・カムニャンには頭が上がらない。

98年6月ムンゴの共有地問題を解決するために、「改革フォーラム」が結成された。6月末に、まず県知事公舎前でデモを行い、翌日、BPTU事務所に700人規模のデモ隊が押し寄せた。彼らは「BPTUに発行された事業権の破棄と、共有地の返還」を訴えた。ところが、牧場側は住民の訴えを無視し、第三者を通して共有地はすでに国有地である旨の返事を送った。さらに、何者かによってサゴ山中腹のピナゴ川から住民の土地に給水している水路が破壊され、水が来なくなってしまうという事態に発展した。

ムンゴの共有地への水路

２０００年以前、ムンゴには４つの農民組合があった。家畜飼育組合、養魚組合、農園組合（カカオ生産）、米作組合が全ムンゴを横断的に存在していた。しかし、１９９８年にインドネシア農民漁民連合が設立されると、２０００年にムンゴ支部が設立され、上ムンゴの３００家族が参加した。これは農民組合ではなく、闘争組織である。

ムンゴの住民は平和的な解決を求めて、西スマトラ州知事や農業省大臣、ジャカルタの国民議会および大統領宛て手紙を書き、支援を要請した。しかし当局の反応は思わしくなく、設定された話し合いの場に、「改革フォーラム」の代表者ではなく、牧場の存在を認める下ムンゴの代表者が招待されるなど、彼らの主張はほとんど相手にされなかった。

こうした状況にしびれをきらした上ムンゴの人びとは、牧場用地として囲い込まれてはいるが、まだ利用されていない土地——そこはムンゴの共有地——に入り、出造り小屋を建て、耕作を始めた。このような住民の行動に当局も態度を硬化させ、事態は次第に緊迫の度を高めていった。

経緯

ムンゴの共有地問題は、１９１８年にまでさかのぼる。あるオランダの企業がムンゴ、スンガイ・カムニャン、アンダレーなど隣接する７つのナガリの共有地１、５００バウ（１、０５０ヘクタール）を借用し、馬牧場を開いた。サゴ山麓の広大で肥沃な土地であり、高原のため冷涼で、馬の放牧には最適であった。この時の契約証を住民はＰＲＲＩの反乱時に消失したと言っている。どのような条件で「永借地権」が設定されたかどうかはわからない。ジャカルタの「国立文書館」に残る当時の契約書は手書きの私文書であり、７つのナガリに年間７００ギルダーを支払うと書かれてはいるが、それはあくまでも私文書であり、植民地政府は介在していない。

オランダ時代の後、1974年までは畜養センター（ITT）という組織があり、そこが馬の飼育をしていた。その時代は、政府と村人との関係は良好であった。しかし、PRRIの反乱時代に、家々は焼かれ、爆撃を受けたため、馬はいなくなった。その後村びとがセンターを管理し、少しずつ牛を飼いだした。

1974年、家畜庁はドイツの援助を得て、輸出用肉牛の生産を始めるため250㌶の土地で牛牧場をオープンした。しかし問題はその80％がムンゴの共有地から得られたもので、他の村への影響はそう大きくはなかった。奪われた共有地内ではさらに、軍の施設が建てられ、農業高校が開校した。牧場の労働者にムンゴの住民は雇用されず、村の境界争いで長年ムンゴと敵対関係にあったスンガイ・カムニャンの住民が優先的に雇用された。

79年BPTU（優良家畜飼育局）に土地権証が発行されると、ムンゴの住民は激しく抗議を始めた。80年代に当事者間の話し合いの結果、家畜庁は慣習法に基づく補償をムンゴに与えるという約束が交わされたが、それは果たされなかった。そして96年、BPTUに事業権が発行された。

タポスとの共通性

ムンゴに１９７４年牛牧場が開設されたことは、西ジャワ、タポスでのスハルト牧場の開設と奇妙に符合している。

１９６５年の政変を抑え込んだスハルトは、66年スカルノから大統領権限を剥奪し、68年第二代大統領になった。その3年後の１９７１年、西ジャワ州知事から７５０㌶の土地の提供を受けて、牧場を開いた。そこはオランダ時代「永借地権」の設定された茶園であったが、独立後数百世帯の農民が占拠し、耕作を行っていた。こうしたジャワの土地は、農地改革の対象とされ、土地のない農民に分与される予定であったが、スハルトの登場とともに完全に反故にされた。その最初の見本をスハルト自身が示したのである。

スハルトは１９８６年ＦＡＯ（国際連合食糧農業機関）から金メダルを授与されたが、『スハルト自伝』（１９８８）の冒頭で、それはインドネシアの農民の代表である自分に与えられた勲章であると述べている。１９７０年代以来の米の高収量品種米の導入により、80年代にインドネシアは米の輸入国から自給を達成した。その功績をＦＡＯは評価したのである（20世紀末より再びインドネシアは米の輸入国になる）。

またタポスに関する記述では、「自分は民衆に奉仕する開発のことをつねに考えていて、

スハルト牧場入口，西ジャワ，タポス

たまに休息をする場所がほしかった。そして、友人である当時の西ジャワ州知事からタポスの土地750ヘクタールを提供されたので、一人の農民としてくつろげ、また他の農民のモデルともなりうる牧場を経営することにした」と述べている。中ジャワの水利管理人の子に生まれたスハルトは、常に「民衆」の代表というイメージ作戦をとってきた。だが、彼の夢の実現のために、数百世帯の農民がロクな説明もなしに、ある日突然耕作地から追い払われたのは痛ましいことだ。

　現在も牧場は存在している。門番のタポス住民は、内部の施設は「簡素なもの」と言うが、スハルトの全盛時代には、ほとんど毎週のように賓客を連れて週末を過ごしにやってきた。当時、牛800頭、羊1、700頭いたが、同時に宮殿のような邸宅、プール、ゴルフ場、ヘリポートまで備えた事実上の別荘でもあった。ジャカルタとは高速道路で結ばれ、高速のターミナルからわずかに8㎞。権力者はこの牧場の中で、どのような時間を過ごしたのであろうか。

スハルトは75年オーストラリアを訪問し、その後オーストラリアからの牛の輸入の契約がまとまった。ムンゴの牛はドイツの援助で、オーストラリアから輸入されている。おそらく同じ契約下で同時に輸入され、タポスに運ばれた牛とムンゴに運ばれた牛に分けられたのであろう。

ムンゴの牛は最初1、500頭いた。西スマトラはアセアンへの肉牛輸出の中心地になるという牧畜ビジネスがこの時以来展開された。2008年タイのプーケットで開かれたIMT－GT（「インドネシア、マレーシア、タイ成長の三角形」）会議の席で、西スマトラ州家畜庁長官は、西スマトラでの肉牛ビジネスをさらに進めていくことを明言した。州知事ももちろん同意している。

強制排除

ムンゴの共有地は何も上ムンゴの住民だけのものではない。共有地の利用権は下ムンゴ

警察の一斉行動に悲嘆する農民
2006年１月26日（LBH Padang撮影）

の住民にも等しく与えられているのだが、下から通うには遠いので、下の住民が共有地を利用することは少ない。これはカパロヒラランでも同じことである。タロとそれ以外の支村の住民とは、共有地へのアクセスの利便性が大きく異なる。

改革時代の幕開け時にはムンゴ全体で共有地の返還を後押しする雰囲気が強かったが、当局との厳しい対立が明らかになってくるにつれて、下ムンゴの住民の中から上の住民を批判する人びとが出てきた。「上の連中は共有地が返還されたら、自分たちだけで独占するつもりだ」という見解を抱き始めた。カパロヒラランでも、独立を目指すタロの人びとを、「共有地の独占を狙っている」と他の支

ムンゴ共有地内での警察の一斉行動
2006年１月26日（LBH Padang撮影）

村の住民たちは批判した。闘いが進展するにつれて、こうした内部での足並みの乱れは別に珍しいことではないが、そこを当局に突かれる。カパロヒラランでは軍を元気づけ、ムンゴでは家畜庁とリマプルコタ県政府に自信を与えた。そしてチマチャンでは、改革派は村長選挙で敗北した。

県はルアック郡の7つのナガリの指導者を集めて、ＢＰＴＵへ事業権がすでに発行されていて、牧場の土地はすでに国有地になっていることを認めさせようと圧力を強めていった。ムンゴの慣習法会議は上ムンゴの人びとの行動を不快に思っていたが、共有地権を否定することには賛成しなかった。だが、ムンゴのナガリ長は上ムンゴの住民からの突き上げと、県や農業省からの指令の板挟みに合い、明言を避けた。

そうした中、2000年1月、耕作を続ける住民に退去命令が出された。住民はこれに従わなかったため、2月、警察、県警備隊、それにBPTUの労働者が住民の耕作する土地に入り、建物に火を付け、耕地に牛を放って耕作物を破壊した。翌日、抗議する住民18人を逮捕し、逃げた数人を指名手配した。

上ムンゴの人びとが完全に孤立しているわけでもない。4月ムンゴの住民は警察の一斉排除によって受けた被害の救済の相談をパダン法律擁護協会(LBH)に相談した。また、住民は、全西スマトラ慣習法会議(LKAAM)に自分たちの権利を認めてほしいとの訴えを起こした。LKAAMとは各ナガリにある慣習法会議の全州組織で、慣習法に関する最高の権威とされているが、政治には関与できない。「この問題が知恵と英知によって解決されることを望む」という勧告を出すだけであった。

「ジャカルタ・ムンゴ出郷者協会」は2000年と2002年の2回、資金援助をしてくれた。こうした出郷者(プランタウ)の団体が闘争の支援に動くということは、カパロヒラランでもあった。ただ闘争が長引き、内部の対立が目立ってくると、組織としての支援は困難になっていった。

警察の強制排除からほどなくして、ムンゴの住民は再び、共有地に入り、出造り小屋を作り、家畜を飼い、耕作を開始した。２００９年までに警察による強制排除は3回に上る。だがそのたびに、ほとぼりがさめると、住民は彼らの共有地に戻り、耕作を開始している。住民の言葉によると、「何度排除されても、また戻る。そこは自分たちの土地だから」。

懐柔

２００７年に農業大臣の妻がムンゴのＢＰＴＵを訪問し、上ムンゴの住民が牧場の敷地内から立ち退かないことに心を痛め、闘争を行っている３００家族に３００頭の牛を与えるよう、県知事に指示した。

農業大臣の妻の提言を受けて、県知事は牧畜補助金の中から３００頭の牛を用意した。だが、上ムンゴの住民にすべてを配分するのではなく、60頭しか配分せず、しかも、受け取る条件として、共有地権を放棄して、「占拠地から出る」という書類にサインすることを迫った。上ムンゴの住民はこの条件には同意できないので、彼らは受け取りを拒否した。結局、下ムンゴの住民が60頭の牛をもらい、残りの２４０頭の牛は、他のナガリの住民に配分された。喜んだのは、ほかの連中だけであった。

2009年にも知事は、上ムンゴの人びとが耕作している共有地をムンゴ全体に渡し、その利用を相談するよう提案をしたが、ナガリ長は懐疑的である。どこかに罠が仕掛けられているとの疑いを消すことはできない。こうした懐柔策は1980年代以来何回も提起されたが、そのたびに住民に失望を与えてきた。

希望

ムンゴの闘争に一条の希望の光が見えた。それは、2008年7月のナガリ長選挙において、元農民漁民連合の活動家のシャフリ氏が当選したことだ。まだ30代半ばの彼は、「ナガリの発展とムンゴ問題の解決」を訴えた。ムンゴには11の支村があり、有権者は6,000人余り。投票率は60%を切った。5人の候補者が立候補したが、シャフリ氏は5つの支村で勝利し、ほかの支村でも善戦した。

シャフリ氏はBPTUの政策を批判し、問題の解決を目指しているが、BPTUの重要な会議には、招待されない。また、下ムンゴの住民について、「彼らは問題そのものを知らない。また闘いが長期におよんで、世代が交代し闘いの意義がよく伝えられていない。そのほか、問題に巻き込まれたくないという意識がある。よく彼らに伝えないとならない」

と話していた。しかし、他のナガリ長の中にも、ムンゴの共有地権を認める者も出てきた。BPTUが今後も、西スマトラでの肉牛ビジネスを追求していく姿勢を変えない限り、ムンゴ問題の解決は困難ではあろうが、何らかの解決策は打ち出せるのではないか。

実は、スンガイ・カムニャンの慣習法指導者ダトック・マンクト・バサ氏の最大リネッジ（カウム）の共有地12㌶がBPTUに接収されていた。彼は2007年6月、これまでの沈黙を破り、自分たちの共有地の返還を求める闘いに立ちあがった。当面は、BPTU本部のある2㌶の返還を求めているが、上ムンゴの住民との共闘関係を結んだのは言うまでもない。スンガイ・カムニャンのBPTUの労働者は、当局以上にムンゴの闘争に残忍で、これまで種々の破壊工作に加担してきたが、スンガイ・カムニャンの中にも村の方針に反旗を翻す者が現れてきた。

チボダス・ゴルフ場

チボダス・ゴルフ場問題とは、西ジャワ州のプンチャック・リゾート地帯のチマチャン村にあるゴルフ場とその宿泊施設に関わる。スハルト退陣後、周辺住民がゴルフ場に入り、耕作を開始したことで、全国的なマスコミで大きく取り上げられ有名になった。だが、ゴ

チボダス・ゴルフ場，中央の山はグデ・パングランゴ山

ルフ場の経営をしているＢＡＭ社が農民を訴えるという手段に出たことで、農民は条件闘争に転じ、わずかな補償金と引き換えに、耕作をあきらめた。村で何が起き、ゴルフ場はどのようにして再開されたのか。

　チマチャンは観光地のプンチャックに通じる道路に面するチアンジュル県にあり、人口１万６、０００人の村（デサ）である。ジャワのデサは西スマトラのナガリとは歴史も性格も異なる。高原のため野菜栽培の盛んな土地である。１９８７年ＢＡＭ社がゴルフ場と観光開発のために31㌶をチマチャン村から賃貸した時、３００人の農民と５００人の農園労働者が耕作権を失った。他の土地紛争と同じく、ここでも土地を失った農民への十分な補償がなされたわけではなかった。チマチャンはチアンジュル県の収入の60％を稼ぐ優良村である。この収入はプンチャックでの観光施設税とチボダス植物園、それにゴルフ場の西に位置するグデ・パングランゴ国立公園からの収入である。

だが１９９９年の中央政府と地方政府との予算分配法案により、この収入のほとんどはチアンジュル県に渡り、村には還元されなくなった。これが地方分権下のチマチャンの抱える問題であり、それにゴルフ場をめぐる長期の紛争が残っている。

チマチャンの農民は、１９６０年代から村有地（タナ・カス・デサ）で耕作を始め、１９７０年代からは毎年借地料を支払いながら耕作を続けてきた。また農民は地方開発寄与税（ＩＰＥＤＡ）を支払ってきた。ジャワではこうした慣行は、土地の占有権がある証拠とみなされてきた。だがそうした慣行を無視して、村はバンドンの開発業者のＢＡＭ社に31ヘクタールを賃貸した。１９８７年以来この問題は村の内外で大きな問題となった。だが、地方裁判所も最高裁判所も業者の借地権を支持した。ジャカルタのＬＢＨ（法律擁護協会）はこの裁判を支援したが、敗北後村びとの闘争方針が大きく変わった。

村の政治と土地紛争

2000年、農民の闘いを推進させるためにAMUK（正義を求める農民同盟、以下「アムック」）が結成され、業者から借地権を取り戻す闘いが始められた。しかし1987年、すでに30年間の事業権がBAM社に発行されているので、村長が業者への借地権を破棄し、住民と新たな借地契約を行うことが試みられた。だが、チアンジュル県の圧力と業者が地裁へさまざまな工作を行ったため、うまくいかなかった。業者はプレマン（やくざ、チンピラ）を使って村びとを脅したため、借地権の正当性を図ることができた。

業者の借地権が法的な正当性を与えられたため、指導者の中には法的な闘いは時間の無駄だとみなす者が出てきた。その代わりに、業者と取引をして土地を取り戻そうとした。その実現のためには村落政治の権限が必要である。その1つの手段が土地を失った農民の代表をチマチャン村議会へ送ることであった。

スハルト時代にも村長は住民の選挙で選ばれたが、彼はゴルカル（政府与党）に忠誠を誓うことを強いられた。それでも彼は村議会議員を選任でき、村の政治では最も力のある人物であった。だが1999年地方自治法により、村長と村議会議員は村びとの選挙で選ばれることになった。スハルト時代には国家の手足であった村長と村議会は、地方自治時代になると、上位の行政機関と対立することもありえたし、村長と議会がお互いに対立することもありうるようになった。政党はスハルト時代には村落レベルではいかなる活動も許されてはいなかったが、地方自治の時代になって村落部で政党の活動が可能になり、政党支持をめぐる争いが顕在化した。

村議選挙で、アムックの3人のメンバーが議席を得た。1人は最高得票を獲得し、議会副議長に選ばれた。チマチャン村議会は13人の議員（2002〜07年在任）のうち、スハルト時代に影響力のあった人物が2人いたほかは、すべて新時代の代表ばかりであった。彼らは公正な選挙で選ばれた議員であった。チマチャン議会にとって最大の懸案は、スハルト時代から続くゴルフ場問題であった。議員の多くがNGO活動歴のあるチマチャン村議会は、その懸案の解決を目指したが、チアンジュル県は議員の任免を4カ月も遅らせるなどの妨害を始めた。というのは、チマチャンがチアンジュル経済において大きな意味を持っているからである。

スハルト時代にゴルフ場になった村有地が、村やチアンジュル県のエリートによって違法に奪われていた。議会は3人の村役人によって奪われた2、800㎡については業者から取り返すことができたが、インドネシア・ボーイスカウトのキャンプ地として、あるいは青少年省大臣のユースホステルとして奪われた土地は未解決である。

ところが最高裁でゴルフ場の借地権が正当化されると、県は業者が高額な補償金を支払う必要に迫られることを心配しだし、村に契約を破棄して住民と新たな契約を行わないよう圧力をかけ出した。ここにきて、3人のアムック出身議員は土地の返還の主張をやめ、補償額の交渉の権限を村議会が得られるようにと発言を修正し始めた。3人の議員とも1987年土地を失い、それによって貧しい生活を送ることを余儀なくされていた農民であった。

2004年まで議員には定まった報酬はなかった。そのため、いくつかのヴィラやホテルからのカンパによる給与を得る必要に迫られた。しかし、土地への補償金を交渉する前に、新村長を選ばなければならない。村長選挙の執行は新議会の責任であった。

新村長選挙

スハルトの辞任後、チマチャンでは村長選挙を2回行った。2002年選挙では、土地を失った農民代表はスハルト時代からの村落政治のボスに200票差で敗れた。この村長が引退したので、2007年選挙ではチャンスだったが、農民代表からは候補者を一元化できず、イスラーム指導者に敗れた。

村落政治で農民代表を村長にすることができなかったチマチャンのケースは、土地紛争を抱える西ジャワでは一般的な傾向である。西スマトラでもそうした傾向を指摘できる。

その理由としていくつか考えられる。第1に、農民は選挙費用を十分捻出できなかった。第2に、農民とその支持者は選挙を闘うための十分な政治的基盤を持っていなかった。彼らは地元のヒーローではあっても、農地改革は票に結びつくイッシューではなかった。県や州のレベルではもっと異なった関心を持っていたということである。第3に、選ばれた村長は、宗教界の支持があったり、村の政治に影響力を持ってきたファミリーのメンバーであったりと、政治的な基盤を備えていた。

一度行われた村議会議員の選挙でトップ当選した農民代表は例外的な存在であった。チマチャンにおいても、「年長者であればある程、経験と知恵がある」ということを村びとは信じていた。若くチャレンジ精神に燃える改革者は村では受け入れなかった。この点で、ムンゴの新ナガリ長の活躍が注目される。

土地を失った農民への追加的補償の試みは改革時代の初期に始まった。1999年ゴルフ場開発業者のBAM社は300人の農民代表に6億ルピア（約6万ドル）をすでに支払ったと主張した。アムックの活動家によると、そのお金はチアンジュル県に支払われたのであって、農民に対してではない。

新村長が選ばれると、土地を回復することはすでに議論にならなかった。議員にとって、BAM社からどれだけの補償金を獲得するかが焦点となった。彼らの目からすると、BAM社はまだ政治力を保持していて、裁判官でさえ金の力でどうにでも動かせるからである。

アムックはこの村内政治の動きに分裂した。3人の議員は辞職したが、村長の諮問機関である村協議会員にすぐに選任された。彼らは業者から市場価格で補償を勝ち取ることを目指した。

補償金の行方

2002年を通して村議会は補償問題の解決に奔走した。最初のBAM社は全インドネシアにゴルフ場を持つ会社の子会社であるコリバ社に所有権を移転していた。議会の調停により、残された231人の農民に1㎡当たり8,000ルピア、総額25億ルピア（25万ドル）という補償額が決まった。議会は元耕作者の認定作業にもかかわった。中には元耕作していた土地よりも広い面積を主張する者もいたし、何人かのリーダーはより多くの補償金をもらった。紛争発生後17年が経過していた。しかし、８人は「額が少なすぎる」という理由で、受け取りを拒否した。

元耕作者への補償は業者が支払った補償金の半分にすぎない。業者はさらに村有地を失ったことへの補償金として25億ルピアを村に支払った。ある人の解説によると、コリバ社は別の村のもっと生産性の低い28ヘクタールを新たな村有地として提供したので、25億ルピアはそうした支払いの一環であるという。

では村はその金を何に使ったのだろうか。17億５、０００万ルピアは村長、村の職員、議会などに支払う給料の原資として年率11％で預けられた。残りは８つの小学校で貧しい子弟への給付金や、墓地の購入費、新サッカー場の建設、灌漑水路の修繕費用、村内に28あるモスクの修理費用などに使われた。

学生、農民、NGO

チマチャンの土地紛争を学生グループが最初に知ったのは、グデ・パングランゴ国立公園を毎週トレッキングする自然愛好団体であった。彼らは農民の支援をするが、それ以上の介入は避けた。そこがその後入ってきたジャカルタのＬＢＨとの違いであった。多数の

ＮＧＯが支援にやってきたが、多くは長続きしなかった。学生やＮＧＯからの支援で多くの農民は新たな可能性と、その限界を知った。

村議会が土地権闘争を継続することを望まなかった主な理由の1つが、村の闘いに外部のＮＧＯがこれ以上介入することに、村びとの嫌気がさしたからである。ＬＢＨにしろ、ＷＡＬＨＩ（「アースインドネシア」）にしろ、彼らの最終的な目的はチマチャンの闘いに介入することで、自分たちの名声を対外的に宣伝することにある、と多くの村人は感じ取った。純粋に村びとを支援するのではなく、彼らの行動にも「政治性」が強くあふれていることに反発した。

経営悪化するゴルフ場

２００６年以来チマチャンにあるゴルフ場を含めてプンチャック－チボダス・リゾート地を訪れる観光客は減少している。ジャカルタ周辺により広大なゴルフ場がオープンし、ジャカルタとバンドンを結ぶ高速道路が完成したためである。ゴルフ場へ客は来なくなり、一般の観光客もチマチャンを素通りして、バンドンで週末を過ごすようになった。ホテルの稼働率も90％から、20％に激減したという。

このためチマチャンにあるチボダス・ゴルフ場は大きな打撃を受けている。いまだにプンチャック周辺にある唯一のゴルフ場だが、ジャカルタのゴルファーはジャカルタ近辺かボゴール、あるいはバンドンのゴルフ場でプレーするようになった。そのためゴルフ場で過去15年間、平均賃金以下で働いてきた多くの労働者が職を失った。ただし彼らは例外なしに、村外の出身者であった。

後退する地方自治

1999年地方自治法が施行されてから、内務省は県知事や村に大きな権限を与えすぎたことを苦々しく思っていたので、スハルト時代に最大の権限を持っていたこの省は地方自治法の改正を検討し始めた。2004年地方自治に関する法律第32号によって、県と村のレベルの自治権は大幅に縮小された。その最大の変化は村議会議員の選任法である。住民の直接選挙ではなく、村の指導層から推薦を受けた人物を、村長が任命する方式に変わった。名称も議会ではなく評議会になり、村長を補佐する機関にすぎなくなった。スハルト時代に逆戻りである。

敗北と勝利

この結果は、これからの農民の闘争に暗い影を落とす。いかにして彼らは、自らの権利を守ることができるだろうか。チマチャンの土地紛争に興味を抱いた学生自然愛好団体が、この村の土地紛争のことに気付いたのが20年前のことである。彼らは環境教育の推進者としてのトレーニングを受け、１９８０年代以来グデ・パングランゴ国立公園での登山ガイドをするかたわら、ホームステイ業を村びとに薦め、土地紛争の問題にも関わってきた。

一時期彼らの存在を疎ましく思っていた村びともいたが、20年後チマチャンでの環境教育活動に基盤を置く世代が育ってきた。彼らはラップトル自然保護協会を結成し、国立公園内での絶滅が心配される動植物の保全を主な活動としている。だが少しずつ、その活動領域を広げてきた。彼らは土地を失った上の世代のことを見て育った。しかも、国立公園の敷地が１、６００ヘクタールも拡大されたため、村は突然公園と境界を接するようになり、公園と境界を接する「保全村」に指定された。公園拡大のために土地を失った人びとは、新たな生計を立てる訓練をアメリカの援助で行うようになった。家禽飼育、エコツアー、野菜の栽培などなど、いくつかの試みがなされている。

ジャカルタ市民の中に「公園内の樹木の養親になろう」プログラムを推進するグループ

も出てきた。村議会議員に選ばれた元アムックのメンバーのうちの2人は、このプログラムに賛同している。この運動のリーダーは、「すでに保全村になったので、国立公園局やチボダス植物園の力が強くなり、ゴルフ場はもはやどうにも手を出せないだろう」と語っている。たとえ、農民運動としてゴルフ場にされた土地の返還闘争には敗北しても、環境保全活動が豪華なヴィラの建設から村を守るであろう。

しかし私は、ルーカス&ディアントの結論にいささか危惧を覚える。インドネシアの国立公園は危機的な状況にあるからだ。開発が国立公園の境界ぎりぎりにまで迫ってきているからである。あるいは国立公園内でも、違法伐採が後を絶たない。チマチャンはその例外的な存在になれるのか。今後も注目していく必要がある。

第2章　共有地権をめぐる闘い

オランダ植民地時代に「永借地権」の設定された土地は、独立後の1960年、「土地基本法」によってその残存期間に限り事業権を与えられたが、最長20年を超えない、と限定づけられた。同時に、独立後周辺農民によって耕作されている永借地権の設定されていた土地は、農地改革により、土地のない農民に分与される予定であった。しかし、1965年の政変を経て登場したスハルト政権は、「公共性」という目的のために共有地権を認めず、軍、企業による開発を後押しした。1990年代、インドネシアのNGOの間で、国際的に認知されてきた「先住民」権への評価が高まった。それにより、「慣習法社会／慣習法民」という存在を開発独裁体制への対抗原理とした。98年の改革時代の開始とともに、NGO、農民が「慣習法社会／慣習法民」（先住民）の権利拡大のために大同団結した時期もあったが、次第に両者の利害の差は大きくなった。また、慣習法社会／慣習法民という言説にも矛盾が露呈し、その闘いの行方は不透明である。

植民地時代の土地制度

序章で述べたように、植民地時代のインドネシアは１８７０年以降、土地に関する多元主義の時代であった。植民地時代の土地制度の研究では、加納啓良、宮本謙介、水野広祐氏らによる優れた研究があるので、それらに依拠しながら、本章で問われている共有地権の歴史的経緯を見てみよう。

１８７０年の「土地令」と「国有地宣言」により、植民地支配下にある土地は、私有地か国有地のいずれかに分類された。この目的は１８７０年以降、インドネシアでの自由な企業活動による土地利用を認めることであった。ただ自由な企業活動が現地社会の混乱を招くことを恐れて、農業に利用できる土地は原則売買禁止として、オランダ総督が国有地を貸し付けるという形で土地利用を可能にした。

当時3種類の土地利用の形態があった。①永借地権の設定された「自由な国有地」。②農民がすでに所有している農業用地での賃借。③外島の自治領などでの、農業租借権。

本書に最も関わるのは、①の永借地権が設定されたケースである。

国有地宣言の後、外島の住民が家屋敷や水田耕作に使用している以外の土地を無主の「荒蕪地」として国有地であると宣言しても、その効力は現地社会の底辺にまではおよばなかった。序章でも指摘したが、ミナンカバウ社会では、各ナガリの共有地権への権利意識が非常に強く、それを否定することはできなかった。そのため、すでに国有地だとの認識の下で行動を行うオランダ側と、住民側との間には大きな認識のずれがあった。

永借地賃借とはいっても現地住民の側からすれば、期限付きの賃貸契約であると理解されていた。あまり利用していない土地での土地利用であり、しかも借地料も払ってくれるのであれば、大きな問題であるとは思っていなかった。この認識の差が、後の土地紛争の淵源となる。カパロヒラランでも、ムンゴでも、スンガイ・カムニャンでも植民地時代の「永借地」契約が独立後国有地へと転換されたことへ住民の大きな不満が噴出した。

ミナンカバウ母系制

植民地時代において共有地の資源利用の重要な項目として、「ルマガダン」(大きな家)と呼ばれる建物の建築材を供給することがあった。ルマガダンとは「パルイック」(腹という意味)と呼ばれる母系最小リネッジが居住する住宅である。その中に、ある女性の姉妹とその子供たち、そして子供たちの祖母（ネネック）が共同で住んでいた。ネネックは母系社会の象徴的な存在で、現在でも彼女は「知恵」による権威で母系集団を統合している。ネネックが政治的な権力を持つことはないが、彼女の意思は他の成員も必ず尊重しなければならない。村に行くと、ネネックが悠然と構え、訪問者を迎える姿に接すると、母系社会の真の姿に触れた思いがする。

ルマガダンを建てるには、まず柱を建て、床を張り、壁を組んでから、棟上げを行い、最後にミナンカバウ建築特有の水牛の角をかたどった反り屋根を組み立てる。その柱の材料には大木が必要で、村の共有地から切り出せるのであれば、それが理想的であった。

現代になってルマガダンが減ってきているのは、家族形態が母系大家族から小家族へと変化してきただけではなく、ルマガダンを建てるために必要な大きな柱が手に入りにくくなってきているからである。西スマトラの森林はそれだけ減少している。

また、ルマガダンの機能性の悪さを嫌う傾向もある。おばあさんが1人だけルマガダンに住み、娘夫婦は敷地内の一角に、「永久的な家」を建てて、住んでいるというケースをしばしば目撃した。「永久的な家」は近代化の象徴であり、村の統計でも、「永久的な家」が何軒、半永久家が何軒と、有意味な数字として現れていた。だが、２００９年の西スマトラ地震の際、レンガやコンクリートブロックで造られた「永久的な家」は壊滅的な被害を受けた。それに対して、ティアンウタマが大地にしっかりと支えられているルマガダンはまったく被害を受けなかった。また普通の木造住宅でも十分耐久性があった。

土地基本法

１９４９年12月、主権がインドネシア共和国に返還された。この時、ジャワ以外の外島にはオランダの影響下にある地方国家が多く存在し、単一の共和国ではなかった。だが、大方の予想を裏切って50年一気に単一の共和国が生まれた。インドネシアの独立宣言直後に起草された「45年憲法」で、「国家の主権はすべての領土の地上、地下、空におよぶ」と規定され、国家の土地と資源は国家の一元的な管理の下にあることが宣言された。

しかしながら、土地や婚姻制度などの分野ではオランダ時代の古い法制度がそのまま残されていて、インドネシアが植民地国家からの真の独立を果たすためには、法制度の整備が緊要であると認識された。１９５８年外国企業の国有化が宣言され、１９６０年「土地基本法」が制定された。

土地基本法はまず、１８７０年の「土地令」の廃止を宣言した。それはとりもなおさず、これまで存続してきた土地に関する法的多元主義を否定し、土地制度を単一の法体系の下に規定するということを意味する。土地基本法は、インドネシア語の直訳では「農地基本法」である。だが、オランダ法時代の伝統を継承して、農地だけの問題だけではなく、宅地、森林、鉱山、海洋などインドネシアの主権のおよぶすべての国土とその資源に関する包括的な法律であるため、「土地基本法」と日本語では表記する。

永借地権から事業権へ

土地基本法の第3条と5条で、共有地に関する規定が述べられている。「アダットに基づく共有地権を認めるが、それはより上位の法律に違反しないこと」という制限がつけられている。さらに、土地基本法は旧プランテーションの不法占拠の解決について規定している。農業大臣の1962年書簡によると、「政府や他の政府機関が使用していない国有地は原則として農業用地として使われるべきであり、農民に再分配されるべきである」として、土地改革の方向性を明確に示している。

現在の土地紛争で最も重要な規定が、土地基本法第二部の「土地転換に関する条項」である。その第Ⅰ条と第Ⅱ条でオランダ法時代における私有権は土地基本法下の「所有権」

への転換が規定されている。第Ⅳ条では、旧地方領主の発給した「農業租借権」へ、事業権が発給されることを条件付きで認めている。そして第Ⅲ条で「永借地権」の設定されたプランテーションに「事業権」が与えられることをつぎのように規定している。

（1）この法律が制定された時に大規模プランテーションにすでに与えられている永借地権は、その借地権の残存する期間に限り事業権が与えられるが、その事業権は20年を超えることはできない。

（2）この法律が制定された時に小規模な農業目的のためにすでに与えられている永借地権は失効する。そして農業大臣令によって解決されるべきものとする。

この規定からすれば、カパロヒラランの場合、永借地権が発給されていたナガリの共有地は、その借地契約が終了した時点（1979年）か、あるいは遅くとも1980年（土地基本法施行後20年目）に事業権は失効する。ムンゴの場合でも、永借地権がいつ設定されたのかは不明だが、1980年に永借地権は失効すると解釈してもいい。

ブキット・ゴンポン訴訟

西スマトラ州ソロック県ナガリ、コト・ガダンの一氏族、スク・タンジュンの共有地の

土地権をめぐる係争中のソロック県新庁舎

800㌶に、1911年あるオランダの企業に35年間の永借地権が設定された。この企業はその地でコーヒーとキニーネの栽培を行っていたが、独立後はスク・タンジュンの共有地としてその支配下にあった。

ところが、1965年の政変を機に、ソロック県はコーヒーのプランテーションとしてカミ・サイヨー社を設立し、住民がまったく知らない間に事業権が発行され、県のビジネスとして経営を行ってきた。1978年同社が倒産すると、事業権は県に移り、1981年別の企業が農園事業を継承した。さらに94年森林局の管理に移り、国有地になった。そして、1994年、県はブキット・ゴンポンにある50㌶を新しい県庁舎用地に指定し、移転事業を強行した。

1998年、改革時代の到来とともに、スク・タンジュンの指導者であるダトック・バサ・ルスリはLBHパダンと相談し、県にブキット・ゴンポンの50㌶を返還するようにという訴訟を起こした。

2001年、ソロック県地方裁判所で注目の判決が下った。結論は「却下」。理由は、「土地基本法ですべての土地と資源は国家が管理するものであり、永借地権の設定された土地は、国有地に転換した」というものであった。「永借地権がすでに遠の昔に失効している」という原告の訴えは、予想はされたが、あっさりと退けられた。原告はプロの弁護士を雇って上級審に上告中であるが、いい結果の報告が届いてはいない。

土地登記

土地基本法の精神は、植民地時代の二元的法制度を廃止するだけではなく、土地のない農民層に土地を分与する土地改革を促す目的もあった。そのため、土地に対する所有権を定義し、所有権の設定されていない土地の登記を容易にしようとした。だが、そもそも土地の私有制という概念に基づかない土地利用をもっぱら行ってきていた外島ではもちろん、ジャワでも土地の権利関係が明確ではなく、土地登記は進んでいない。

西ジャワでの土地権の転換問題で詳細な調査を行った水野広祐氏は、つぎのように述べている。

「土地基本法は土地の登記を勧めているが、実際には土地登記は全土地面積の10％ほどでなされているだけで、土地権の帰属が明確ではない。土地登記のされていない住民の土地権は、実際の開発の過程では弱い土地権として現れ、低額の補償金、土地の取り上げ、住民の追い出しなど地域住民、小農民、商工業者などへのしわ寄せとして現れてきた」。土地権を確認する書類が土地証書であるが、実際にはこの証書を自分の所有地のすべてで持つ住民は少なく、代わりに地方開発寄与税（Ipeda）証書、あるいは課税台帳証書などで代替する場合が多い。

だがオランダ植民地時代、日本軍政時代、そしてインドネシア時代と目まぐるしく統治形態が変化してきたため、農民の土地権を正確に証明することは非常に困難である。

タポスとチマチャンでの事業権設定

タポスの場合、１９３０年にオランダ人の経営するキニーネの農園に永借地権が発給された（２００５年までの75年間）。地元の住民の話では、１９３０年以前のはるか昔、そこは森林で、農業用地として耕作されていた。「国有地宣言」の対象は荒蕪地であるため、そこは国有地化の対象ではなかったと村びとはいう。独立闘争時代になると多くの農園や私企業の土地が耕作されず、そこに地元の住民が独自に耕作を始めた。20万㌶のジャワの農園のうち、8万㌶は住民管理の下におかれた。

インドネシアが主権を獲得した1949年から65年にかけて、タポスの農民は元永借地権の設定された土地を実効支配していて、軍も黙認していた。そうした土地は土地改革の対象であり、現にそこで耕作をしている農民に分け与えられるべきはずであった。だが、スハルト政権になってからは風向きが大きく変わった。スハルトが大統領に就任してから3年後、このタポスの地がスハルトの牧場に指定され、タポスの住民の悲劇が始まった。

1954年当時の西ジャワ州知事は、永借地権の設定されていたチマチャンの72㌶の土地を以下のように分けた。LIPI（インドネシア科学院）傘下の自然保護研究所に17㌶（用益権のみ）、チアンジュル県に22㌶、そして村有地（用益権）に33㌶。この村有地33㌶に対して農民は、1960年代以降地方開発寄与税（Ipeda）を支払ってきて、それはジャワの慣習では土地権の証明とみなされていたのであるが、1987年突然ゴルフ場の建設計画が発表された。企業は村と県を「買収」し、農民の土地を奪っていった。

第4章で取り上げたウォータービジネスの問題の調査の一環で、私は2009年二度にわたり西ジャワのスカブミ周辺の農村を歩いた。タポスやチマチャンでの「成功」によって農民が実効支配する土地が手に入ることを学んだ開発業者は、プンチャック周辺の土地を村外の金持ちの別荘地として売り出すための土地開発を現在行っている。タポスやチマチャンだけではなく、その周辺で元永借地権の設定された土地では茶園として企業が利用していた。だが98年以降村びとが、茶園をすき返して、野菜などを作りだした。

村びとは昔の永借地権の土地の権利を主張して、土地を占拠し耕作を始めた。だがその数年後に、茶園を所有していた会社が、村長や村の有力者から成る組織（TIM）を通じて、占拠した土地を補償金と引き換えに手放すよう迫った。こうした要求に、従うしかなかった。もし拒絶した場合、警察やプレマンが出てきて、テロが始まる可能性があった。村びとが手にした金額は、1㎡当たり2、000～4、000ルピアであるが、会社からTIMに渡された金額はそれよりもはるかに大きい。

ところが、TIMはそうして返還された土地を、茶園として再利用するのではなく、ヴィラ用地として売りに出した。すでに条件のいい所は村外の住民（ジャカルタのお金持ち、軍人、外国人もいるとか）の手に渡っている。まだ売れていない土地は、耕作を続けたい

元茶園で耕作する女性，西ジャワ・プンチャック付近

農民に貸し出されている。私たちがインタビューをした女性の場合、1、000㎡を年4万ルピアで借りている。プンチャック周辺は海抜1、000m前後の高原で気候がよく、風光明美なため、いずれ別荘地として変貌を遂げていくのではないか。

スハルト時代

国家の資源の収奪を可能にする法令がスハルト時代につぎつぎと制定された。1967年森林法（1999年森林条例により廃止）により、インドネシアの国土の70%が森林とされ、慣習的な土地と資源に関する権利を規定した土地基本法から切り離された。しかし土地基本法はスハルト時代でも根底から廃止されることはなかった。その社会主義的な革命志向の精神は、スハルト政権でも否定することはできなかった。

新秩序国家によるアダットの組織的な破壊に関する法案はその他に、以下のようなものが挙げられる。鉱山法（1967年）、開発移民（トランスミグレーション）法（1972年）、婚姻法（1974年）、そして村落法（1979年）である。鉱山法は2008年12月改正され、生鉱での輸出禁止など国内産業を育てる姿勢が一部認められるが、許認可権が複雑になり、今後紛糾する可能性もある。開発移民については第5章で述べる。婚姻法については拙稿で論じた。村落法がミナンカバウだけではなく、バタックやバリなどのアダットに基づく慣習法社会を破壊する可能性については、加藤剛氏の論文に詳しい。

1979年大統領令第32号は、「民衆に占拠されているオランダ時代に永借地権の設定されていた西洋人の土地は、土地利用と環境保全のために土地を占拠している農民に所有権が与えられるべきである」と述べてはいる。しかしこの大統領令とそれに基づく農業大臣決定は、そうした土地の再配分は「公共の利益と反しない限り」と限定されている。スハルト新秩序体制では「開発」のための「国益」として投資者に無類の優先性を与え、こうした「不法」占拠者を追放した。特に、新秩序時代に事業権の与えられた旧オランダ時代のプランテーションにおける小規模農民の農地改革の主張は完全に無視された。

改革時代が始まってもなお、1999年内務省令第5号は、「慣習法に基づく共有地権は認めるが、この法律以前に発行された事業権は有効である」と規定し、土地権の回復を目指す多くの人々を失望させ、怒りを買った。これではスハルト時代の野放図な開発を追認しただけであり、人びとの批判には何も答えていない。

共有地権と開発

アンダラス大学法学部の故シャムニル教授によると、西スマトラの場合、現在3つの土地の所有形態がある。国有地と私有地、それに共有地である。共有地がいまだに全体の80%を占めているが、共有地のほとんどは土地登記されていない。

その理由は、高額な登記費用の負担を村びとが嫌がっているためもあるが、なんといっても、共有地という総有制は私的所有権を前提にした土地登記という概念に合わない。もしある代表者の名前で共有地の登記をした場合、彼の個人財として法的にはみなされる恐れがあり、他の成員の権利は大きく侵害されかねない。

共有地にはその管理のレベルに応じて3種類ある。1つは、最大リネッジ（カウム）の管理する共有地。つぎに、氏族（スク）が管理する共有地。最後に、村（ナガリ）が管理

「共有地はわれわれの生活の血管である，切断するなかれ，友よ！」

する共有地。いずれも「タナ・ウラヤット」と呼ばれるが、そのレベルに応じて、「ウラヤット・カウム」「ウラヤット・スク」「ウラヤット・ナガリ」と区別されている。それぞれの共有地の利用の細則は、それぞれのレベルで決められる。

基本的に共有地は売買されない。だが、最小リネッジレベルの田畑などの共有財はしばしば「質入れ」される。ルマガダンの修理のため、あるいはリネッジを継承する女性の婚姻儀礼をとり行うために現金が必要な場合「質入れ」される。原則同じ村の成員にしか質入れされないが、私が調査をしたアガム県の農村では、そうした原則はなかった。

また、リネッジの成員全員の承諾があれば、最小リネッジの財産（家屋敷、田畑）を「売買」することも可能であった。ミナンカバウでは養子縁組をしないため、女の子供がいないとその家系は断絶する。そうした場合、最小リネッジの財産はより上位の成員にさかのぼって分配されるが、村によっては成員のすべてが出稼ぎに出て、もはや村に戻らないという決心を固めているケースもある。すると、そうしたリネッジの財産が売りに出される。

出稼ぎで成功した私の知り合いの男性は、そうして売りに出された財産を買い集め、「資産」を増やしていた。もちろんそうして獲得した土地は後の係争を恐れて登記する。このように獲得された財産は彼の個人財であるが、彼の女の子供に継承され、つぎの代には「継承財」となり、勝手な売買の対象ではなくなる。

こうした財産に関する継承法を持つミナンカバウのような民族は、開発の妨げになる、とみなす企業家は少なくない。川崎市民アカデミー２００６年度前期に「ポスト新秩序期のインドネシア」と題するセミナーがＪＡＮＮＩ（日本インドネシアＮＧＯネットワーク）主催で行われた。その第４回目に西スマトラの共有地返還闘争について、私が担当した。その時の聴衆の中から、「共有地権の設定されている土地では開発の決定までに時間がかかり、そんな制度は企業にとっては不利益である」との意見が寄せられた。同様な意見は世界銀行あたりも述べているようだが、はたしてそうだろうか。

多くの農民は、開発そのものを批判しているのではない。その意味で、ジャワを中心とした土地紛争の政治的言説を分析したヴ・トゥオンが「土地紛争の主要な命題は反資本主義的言説である」と言っているのは間違いである。彼らが批判しているのは、開発の計画策定から実施に至るまで、ほとんどの当事者には計画が明らかにされず、開発が決まってから強引に結論を承諾するよう強制してくる意思決定のプロセスの不透明さである。

それに、開発の利益を住民が享受することが少なく、利益は企業、軍、政府が独占していることへの不満。さらに、住民に十分な補償が行われていないことへの不満などである。こうしたことが解決できれば、十分に企業の経営が成り立つ。企業が短期的な利益を目指し、一部の指導者と結託して開発を強行しようとすれば、紛争を大きくし、結局は利益を上げられない、ということが少なくない。

2008年7月、時の副大統領であったユスフ・カラは、西スマトラに開設されたある企業の子会社のオープニングの挨拶で、つぎのように述べた。「西スマトラの共有地は開発に適している。他の州では個人所有で収用手続きが煩雑であるが、西スマトラでは共有地の代表の了解が得られればすぐ手続きが終わるので、開発に有利だ」。こうしたことを現職の副大統領が堂々と公の場で発言するようでは、紛争はなくならない。

アダットによれば、共有地の大規模開発には村の成員全員の会議による同意が必要である。その手続きを取らず、一部の慣習法指導者を買収するような方法で開発を強行していくので、紛争が頻発している。また、企業からの補償金も成員全員に分配されることは少なく、一部の指導者が独占し、その他の成員には不利益だけが残される。

共有地の管理

土地紛争を抱えていない、「理想」の状態にある村を探すことは今日では困難である。どの村でも、共有地のレベルに違いはあっても、何らかの紛争を抱えていると見た方がいいだろう。インド洋に面する沿岸部と、リアウ州に接する内陸部では、アブラヤシ開発が急速に進んでいて、紛争が多発している。マニンジャウ湖とシンガラック湖周辺の村では、観光と水力発電開発で紛争を引き起こしている。さらに、ダナウ・アタス、ダナウ・バワーという2つの湖周辺では、植民地時代から茶の栽培が盛んで、永借地権が設定された共有地が多い。さらに、ゴルフ場や観光施設の建設に利用されている土地もある。オンビリン炭鉱周辺の共有地は、19世紀末から間欠的に紛争が起きてきた。国有化されたパダンセ

サゴ山。麓から中腹部までが各村の共有地。ムンゴの共有地は中央からやや左側

メントでも、セメント工場と石灰岩採掘場となっている複数のナガリで、十分な補償が受けられていない、と不満をぶちまけている。第4章で詳述するが、良質な水源を持つナガリの、水資源をめぐる紛争が西スマトラでも目に付くようになってきた。

こうしてみると、西スマトラの共有地は紛争地だらけという印象を受けるが、紛争地でありながらも、共有地の管理は十分になされている事例をスンガイ・カムニャンの共有地管理に見ることができる。

スンガイ・カムニャンについては、第1章でムンゴの闘いとの関連ですでに言及している。そこでは「ムンゴの闘いに敵対する隣村」という側面を強調した。これは事実である。

スンガイ・カムニャンのほとんどの住民は、ムンゴの共有地権そのものを否定している。

サゴ山麓、ピナゴ川西岸は問題なくスンガイ・カムニャンの土地である。ビーツェフェルトによれば、1916年、植民地政府はこの地で馬牧場をオープンした。その牧場が拡大され、「ラクック・ナン・ガダン」と呼ばれる地区にまでおよんできた。村びとはこの時代の記録を何も持っていないので、植民地時代の状況ははっきりとはわからない。独立後、一時政府が所有権を主張した時期もあったが、人びとは「そこは借地させていただけ」と抗議をした。PRRIの反乱時代は戦闘が最も激しい地域で、耕作はできず、放置されていた。そして1965年の政変。この時も、村は激震に見舞われた。

ところが、1968年、PRRIの反乱と65年の政変で大きな働きをしたある退役軍人が、「ラクック・ナン・ガダン」の利用を県に申し込んだ。彼はスハルト政権登場に功績のあった人物だったので、県は彼の意向を受け入れ、1970年「イェニタ・ランチ」がオープンした。村びとは反対したが、共産党員と名指しされるのが怖くて、批判できなかった。事業権は25年間。ところが彼は1978年死亡し、彼の子供たちの中で事業がうまく継続できず、2年後に会社は破産した。その後10年以上、荒地として放置された。しかし彼の娘の1人が1990年ショウガ栽培を始めたが、2年間でふたたび挫折した。その後会社は村外の住民に小作地としてタバコを栽培させた。

95年「イェニタ・ランチ」の事業権が切れた。スンガイ・カムニャンの慣習法会議は、土地の返還を求めたが国に無視された。問題はこの「イェニタ・ランチ」の広さが明確ではないことである。最初に事業権を与えられた場所よりもかなり広がり、サゴ山中腹の保護林帯にまで至るほどになっていた。だが、誰も正確には境界を確定できない。約66㌶ということで当局は見積もっている。

そして、98年、改革時代が始まると、公然と返還運動が高まった。政府側は、オランダ時代に「永借地権」が設定されていて、そうした土地は、土地基本法により「自動的に」国有地になったと主張した。これはカパロヒラランでも、ブキット・ゴンポンでも同じことである。しかし、スンガイ・カムニャンの場合、第4章で述べるように、豊かな水源があり、その水源を県都のパヤクンブー市が利用することに対して補償を勝ち取ったという政治的な成果を背景に、住民が有利に闘いを進めた。その結果、現在では完全に住民の管理下に置かれている。

元の「イェニタ・ランチ」の状況は、カパロヒラランのプルナカルヤ社が管理していた共有地と似た状況にあるわけだが、きちんと管理されている。スンガイ・カムニャンのナガリ条例で、共有地の利用の規則が細かく規定されている。その一部を見てみよう。

第8条

（1）共有地を利用したいと思うナガリの構成員は、ママックに先に知らせ、その後ナガリ政府に文書で申し込みをすること。

ママックとは、ある男性にとって自分の母の兄弟のことで、ミナンカバウ母系制を支える重要な人間関係である。以前は結婚を決めるのも、このママックの仕事であったが、現在では父親の決定に同意を与える程度の権限が残されている。だが、改革時代になって、伝統的な「アダット」を重視する姿勢はこういうところにも表れている。

（2）共有地を利用したいと思う者はすべて、ナガリにその旨を申請する前に、慣習法会議の同意を得ること。

つまり、共有地を利用したい者は、まず、ママックの許可を取り、そのつぎに慣習法会議の了承を取り付け、最後にナガリ（村）に報告をせよ、ということである。

第二部第9条

（1）共有地を利用したいと思う者は1人のＫＫ（家族長）ごとに最大0・25ヘクタールの土地が与えられる。その中には、出造り小屋の広さも含まれる。

第10条
（1）共同して共有地を耕作する者は、最低10家族の構成員を持つこと。
（2）1つの事業グループは最大4㌶を与えられる。
第11条
資本の大きな企業には、最大10㌶の土地が供給される。
義　務
1　共有地を利用する者はすべて、利用税をナガリに支払う義務がある。
2　利用税はその広さに応じて決められる。

この規約がどこまで遵守されているかはわからないが、カパロヒラランとの違いは歴然としている。スンガイ・カムニャンでは、土地権でも水利権でも、「村が一体となって闘うことが重要である」と何度も告げられた。ムンゴの闘いに対しては徹底的に敵対し、政府寄りの姿勢を公然として示しているが、自分たちの村の問題では、政府に対して厳しい態度を取り続けている。

ＰＲＲＩ時代から65年の政変を迎える頃までは、ムンゴとスンガイ・カムニャンはほぼ同じ政治的な状況にあったことは種々の証言で理解される。しかし、70年以降、この2つの村には、それぞれの利害に関わる出来事がつぎつぎに起きた。そうした過程の中で、両者は憎悪を深めていったのだろうか。

土地改革の追求

スハルト退陣後、急速に拡大した土地紛争であるが、次第に問題の根源である農地改革の具体化を求める全国的な政治運動として動き出した。土地基本法の制定された9月24日は「農民の日」として祝われているが、最近では農地改革の失敗を批判する農民の抵抗運動の日となってきた。「土地基本法改正は改革時代の成否を問うリトマス試験紙だ」(ルーカス&ウォレン)。

「農地改革コンソーシアム」(ＫＰＡ)のデータベースでは、全インドネシアで２００１年12月までに1、４７５件の土地紛争が裁判所で争われている。そしてそうした個々の農民の反乱を支援する組織が続々と形成されていった。その最大の組織がＦＳＰＩ(インドネシア農民組合連合)であり、彼らはＫＰＡと共闘した。

だが、土地基本法の改正をめぐる運動で農民運動は分裂した。ＫＰＡは政治家を巻き込む改革運動を展開した。２０００年5月、アブドゥルラフマン・ワヒッド大統領は、土地紛争の深刻さを理解し、「政府は事業権のある40％の国有地を耕作者に分配すべきである」と語った。また、2001年国民協議会決定第9号で、土地改革の必要性を明言した。だが、ここでいう土地改革には、国有林（森林省管轄）、鉱山（鉱山局管轄）、海岸と海（海洋漁業省管轄）を含んでいない。だから、「土地改革」は全インドネシアの30％でしか可能でない。

この決定が採択されたその日、FSPIは「それはNGOの利益を表明しているだけで、農民の利益はまったく代表していない」旨の声明を出した。大きな問題は、土地基本法でいう「国家が土地を管理する」という趣旨が改訂されうるかどうかということである。「国有地」の占拠者に所有権が移転される日が来るのか、あるいはアダットに基づく共有地のプランテーションへの転換を可能にした法令が廃棄される日が来るだろうか。

慣習法社会／慣習法民

NGO運動に大きな根拠を与えたのが、「先住民」（indigenous people）という概念である。インドネシアでは、そのまま英語が使われる場合もあるが、その英語をインドネシア語でどう表すべきか大きな議論になった。最終的には「慣習法社会／慣習法民」（masyrakat adat）という言葉に落ち着いたが、そこに至る過程で複雑な政治的闘争がみられた。

サンドラ・モリアガの「土地の子から慣習法社会へ」を中心として、この問題を考えてみたい。

先住民と非先住民との違いを明確にするのは困難である。1970年代から80年代にかけてこの用語が国際的に使用されるにつれて、インドネシア政府は「全インドネシア人が先住民である」と主張した。しかし、アジア系外国人（中国人、インド人、アラブ人）の子孫を除いて、インドネシア人のすべてが先住民といっても、パプアの人びとをジャワ人と同列に位置づけられるか。マドゥラ人にダヤック人を先住民とみなすよう説得できるか。インドネシア国内での「先住民」の置かれている利害関係が複雑にからんで、この用語のコノテーションは多岐にわたり、政治的な意味合いを含まざるをえなかった。

1993年南スラウェシの闘争を支援するために集まったNGO団体が、先住民あるいは部族社会（tribal society）に代わるインドネシア語を創った。「オラン・インドネシア・アスリ（インドネシア在来人）」「マシャラカット・フクム・アダット（慣習法規範社会）」「バンサ・アスリ（本来の民族）」など多くの候補があったが、「慣習法社会／慣習法民」（マシャラカット・アダット）に決定された。インドネシア語のマシャラカットとは、社会、コミュニティ、そこに住む人々、など多義的であり、日本語には訳しにくいが、「慣習法社会／慣習法民」と訳す。それは、「特定の地理的な領域にその祖先を持ち、特有の価値、イデオロギー、経済、政治、文化、社会、土地管理方式を持つ人びと」と定義された。

パプアの代表は、「オラン・インドネシア・アスリ（インドネシア在来人）」という言葉だと、彼らの慣習法に対する闘いは分離主義、人種主義だとみなされるとして強く反対した。オランダ植民地時代にヨーロッパ人、混血以外の「土地の子」を意味するプリブミだとあまりにも一般的で、単に中国人、アラブ人、インド人でないインドネシア人一般をさすものとして反対された。慣習法社会／慣習法民は慣習法規範（フクム・アダット）が支配する状態の一般的な用語である。マシャラカット・フクム・アダット（慣習法規範社会）では法規範に限定され、儀礼や制裁を伴わない他の規範は抜け落ちてしまう。

ルーカスとウォレンは、「先住民」という言葉の政治的な背景をつぎのように説明している。インドネシア政府は「先住民」という用語の持つ政治的な意味合いを嫌い、また人口的には少数派であるが、経済力を持つ中国人の政治的覚醒を恐れていた。「慣習法社会／慣習法民」という言葉は、独立以来インドネシアを政治的にも文化的にも支配してきたジャワ人から他の民族を区別する意味で妥当な表現である。「慣習法社会／慣習法民」とはインドネシアのアダット下にあるマイノリティ住民の集合的な用語になった。

1993年のスラウェシ会議への参加者はこの「マシャラカット・アダット」を闘争組織として組織化し、それを基盤に大衆運動を展開することが確認された。それ以来、インドネシア各地で支援団体が創設された。98年のスハルト退陣後、99年、「群島慣習法社会同盟」(AMAN、以下「アマン」)が結成され、第1回目の「アマン会議」がバンドンで開かれ、200名以上の代表が終結した。そして2003年、ロンボックで第2回会議が開催された。その時までには国内傘下団体が927に達し、国際的な先住民運動と連帯する動きが同時に追求された。

プリブミから慣習法社会へ

先住民とは外部の勢力に占領され、植民地化される以前に一定の土地を占拠していた人びとの子孫である。インドネシアでは、植民地時代に「プリブミ」(土地の子)としてみなされた人びとがそれに当たる。当初オランダ植民地政府は統治のため、ヨーロッパ人とプリブミあるいは原住民(アラブ人、インド人、中国人を含む)に分けた。ヨーロッパ人はヨーロッパ法、原住民はそれぞれの慣習法の適用を受けるとされた。だが、後に、ヨーロッパ人、外国アジア人、インランデル(プリブミ)に分けた。

インドネシアの独立後、インドネシアは「インドネシア在来人（オラン・インドネシア・アスリ）」の支配する国家とされ、大統領は「インドネシア生まれのインドネシア人」とされた。在来のインドネシア人の中に「ノン・プリブミ」の中国人は入らない。その決定が法的に認められるのは、1959年の中国人の二重国籍を政府が取り締まるようになってからである。

1945年憲法で、「インドネシア在来人」（オラン・インドネシア・アスリ）と「国民」という言葉が同列に使われているが、土地基本法、森林基本法では「慣習法規範社会／民」（マシャラカット・フクム・アダット）が用いられている。一方、内務省は「マシャラカット・テルアシン」（隔絶した社会／人びと）という言葉を用いていて、国家法で用法が異なる。

67年森林法は、国有林と民有林の2種類の森林を認めただけであった。森林法は森林開発に関する種々の権利を規定したが、それらは国家（国、地方）が管轄するもので、慣習法共同体にはどんな管轄権限も与えていない。

99年改訂森林法は、67年森林法とつぎの点が異なる。67年法では、国有林と民有林との区別が存在するだけであるが、99年改訂森林法では民有林を「権利林」としている。新法では「権利林」の中に、「慣習法林」は含まれるとされている。だが、「慣習法林とは伝統的な法体系の支配する地域に位置する国有林である」と定義され、矛盾している。慣習法林とは国家によって管理されるもので、慣習法社会の人びとによって管理されるとは規定されていない。

批　判

99年結成された「アマン」は、「もし国家がわれわれを認めなければ、われわれも国家を認めない」と過激な発言をして、大きな衝撃を与えた。国家に「慣習法社会／慣習法民」からの挑戦に応える義務を与えたが、「アマン」も批判にさらされた。

「アマン」への批判の中で、慣習法社会内部のメンバーから根源的な批判が寄せられた。たとえば、つぎのような批判である。

「もし国家が彼らを認めなければ、いかにして問題となっているコミュニティはその権利を発揮できるのか」。「500もの異なる言語集団に分かれるインドネシアにおいて、それぞれの慣習の多様性に応じた法律を、いかに国家法は制定できるのか」。「どんな形の法的な権利の認知が追求されているのか」。「誰がその交渉を行うのか」。「コミュニティはいかにして自らを統治できるのか」などなど。

先住民運動は、中スラウェシでの水力発電建設を止めるなどの成果を上げた。だが、スラウェシのロレ・リンドゥ国立公園内の資源管理問題で、99年の地方自治法施行後権限を強化させた地方自治体が、国立公園内での資源利用を地元住民に認めるようになり、国家との間で資源の管理権をめぐる紛争に発展している。

言説の主体

「慣習法社会/慣習法民」とは矛盾に満ちた表現である。静的でその内部に矛盾が何もない印象を与えるが、実際には大きな矛盾を含んでいる。その一端は、カパロヒランやムンゴのような紛争を見れば明らかであろう。

慣習法社会/慣習法民とは農民の闘いを支援するNGOなどが使用する用語であり、当該の運動を担う主体の側でこの言葉を用いているかどうかわからない。特に、英語の「インディジェナス・ピープル」をそのまま用いるかどうかは非常に微妙な問題である。誰が誰を、「インディジェナス・ピープル」と呼ぶかということは、呼ぶ側と呼ばれる側の力関係を反映する。

2001年の「国民協議会」決定の後、「農地改革コンソーシアム」（KPA）のようなNGO側とFSPIのような農民組合が分裂していったことをすでに述べたが、「先住民」という用語をめぐって、NGOと農民の間で齟齬があることを目撃した経験がある。

パダン法律擁護協会（LBH）は、2006年、西スマトラで土地紛争を闘う農民を集めて、2日間の集会を開いたが、そのタイトルが、「インディジェナス・ピープルの権利擁護」であった。LBHがこうした人びとを代表して、西スマトラの外で「インディジェナス・ピープルの権利」という表現をする場合には、抵抗はそう見られないだろう。あるいはLBHの資金活動として、外国向けにそうした「インディジェナス・ピープル」の権利の擁護を謳うことは可能であろう。しかしながら、現実に闘争を行っている人びとの面前で、「あなた方はインディジェナス・ピープルであり、その権利の擁護のためにわれわれは闘っています」というメッセージを発することに、一部の参加者から強い不快感が寄せられた。

会場には軍や県の関係者もいて、彼らの批判の矛先はまず、そうした人びとに向けられ、「なぜわれわれの共有地を返還しないのか」という糾弾の集会であったのだが、会議を主催したNGO側の鼻持ちならないエリート意識にも反発が示された。マシャラカット・アダット」とインドネシア語で表現される実態と、「インディジェナス・ピープル」と呼ばれる実態は、必ずしも同じ共感を呼ぶ言葉ではないことを会場の人びとは強く感じ取っていた。

ミナンカバウの人びとを「先住民族」と呼ぶのには抵抗がある。彼らはインドネシアの独立に多大な貢献を行い、インドネシアの「プリブミ」を構成する重要な民族であると自他共に許している。スハルト時代にミナンカバウの地位は大きく後退したが、ミナンカバウの人びとはインドネシアを代表する民族であることを誇りに思っている。西スマトラで「先住民」といえば、メンタウェイ諸島に住む住民であろうが、彼らに対してはミナンカバウの人びとも、差別をする側に立つかもしれない。アンダラス大学人類学科の研究者はメンタウェイのことを研究し、社会学者は西スマトラ住民の研究を行うことが多い。そうした学問分野の棲み分けにも、人びとの意識が反映されているかもしれない。

開発を強行してくる新秩序政府の多数派に対して、共有地を奪われていった住民は「先住民」と同じカテゴリーに属しているといいうるだろう。それゆえに、「先住民の慣習法に基づく権利」ということが政治的なメッセージとして有効であるのだが、西スマトラの地域的なヘゲモニー体系の中では、メンタウェイの人びとと同じレベルでそうした人びとを「先住民」と呼ぶことは語用論的に無理がある。国家レベルで、NGO代表と農民代表が分裂していったものと同じ種類の分裂が地方のレベルでも認められる。

第3章　抵抗と暴力

この章ではおもにアブラヤシ開発をめぐる抵抗と暴力の問題を扱う。これまで取り上げてきた土地紛争が、オランダ時代にまでさかのぼる起源を持っていたのに対して、大規模アブラヤシ開発は1970年代に始まり、80年代から急速に拡大してきた。アブラヤシ開発のために67年森林法で規定された「国有林」が狙われた。国有林とされた土地でも、そこには先住民が住んでいた。まず熱帯林の伐採権が華人系企業に与えられ、その後アブラヤシ開発が行われた。西スマトラの場合、保全林に指定されていた共有地の開発が多いが、そこでもまず、共有地内の伐採権を業者が獲得し、その後アブラヤシ開発の事業権が与えられる。

いずれの場合にも、現地に住んでいる住民に対して、十分な説明と補償が与えられることは少ない。一部の有力者を金の力で抱き込み、事業を開始する。また、土地提供者を小規模農民（プラスマ）として参加してもらう約束を与えるが、土地が約束通りの配分比率で分配されることは少なく、住民の怒りを大きくする。アブラヤシ開発は泥炭湿地林を開発する場合が多く、環境への負荷も大きな問題である。だが、現地住民の共有地権を無視し、批判・抵抗を暴力で抑え込むなど、「自然にやさしい」この商品の生産現場では、資本主義の暴力がストレートに発揮されている。

弱者の武器

ジェームズ・スコットの『弱者の武器』（1985年）は、高収量品種米の導入されたマレー半島農村部において、従来の権力関係がどう変化し、貧困層がそうした事態にどのように対応しているかを分析した著書である。高収量品種米の導入によって、村の階層分化は大きくなった。高収量品種米の導入によって、広大な土地を持つ有力な農民はますます豊かになったが、小規模農民はいよいよ貧窮し、没落した。

高収量品種米の栽培には、まず、灌漑による水の安定的な供給が不可欠で、それにより、年2回収穫する二期作、あるいは2年に5回の収穫を得る三期作が可能となった。しかし、高収量品種米は大量の農薬の投入が必要で、普通、農民は収穫後の米の代金を担保に農薬を買う。ところが、天候や稲の病疫などで予想された収穫ができない事態がしばしば起きる。大規模農民は、そうした事態に備えて従来の稲も同時に栽培し、危険を分散させることで、被害を最小限度に抑えることが可能である。これに対して、小規模農民の場合、収穫がまったくなくなると、農薬代を払えないどころか、最悪の場合自分の農地を失ってしまう可能性もあった。インドネシアの経験でも、高収量品種米の導入は一部の富裕農民をますます豊かにしただけであった。

スコットは、『弱者の武器』の中で、貧困化していく土地なし農民が、ますます肥大化していく有力な農民に対する抵抗として、以下のような手段を用いることを明かしている。遅延行為、とぼけること、職場放棄(小作の場合)、面従腹背、無知の装い、中傷、放火、妨害行為、などなど。

彼は、グラムシのヘゲモニー概念を詳細に検討し、弱者が自らを正当化する手段として、強者のイデオロギーを使用することがしばしばあることを指摘した。つまり、マレー半島の農民では、ザカート(イスラームの喜捨)、大規模な祝祭、慈善事業、それに貸付などが富裕な農民の義務とされていて、そうした「義務」を果たすようさまざまなチャネルを通して弱者は主張している、と分析した。

『プランテーションの社会史』の最終章において、ストーラーは「抵抗の声域」というポストコロニアリズム理論を用いて、デリ・プランテーション地帯の100年の歴史を貫く抵抗の論理を分析している。「抵抗の声域」とは、目に見える物理的な抵抗だけではなく、スコットの列挙する「弱者の武器」を駆使することである。

デリ・プランテーション地帯において、マルクス的な意味での資本の論理が無慈悲に貫徹されるのと同時に、フーコー的な意味での権力の身体支配が進んだ。効率性を追求する労務管理法の導入、また労働者の再生産を高めるために奨励された家族の形成は、労働者の忠誠心を高め、資本家に都合のよい経営に寄与するなど、意外な効果を発揮することが実証され、フーコー的な権力の訓育＝陶冶に関する事実にストーラーは注目した。

デリ・プランテーション地帯とは、マレー系領主がヨーロッパ系資本家に「農業租借」という形式で土地を貸与して形成された地帯である。九州ほどの面積を持つデリ・プランテーション地帯の外側は広大な泥炭湿地林で、ほとんどが無主地であった。だから、資本家も一旗組のプアホワイトも、また中国人やジャワ人労働者など、すべてが外からもたらされたという意味で、資本主義の実験場であった。

レスリー・ポッターによると、アブラヤシ開発にともなう抵抗として、デモ、道路の封鎖、農園の破壊、キャンプの焼き打ち、機械類を奪い取ることなどが挙げられているが、私の知る限りそうした人びとは同時に権力側の激しい暴力にさらされている。アブラヤシ開発はストーラーの分析したデリ・プランテーション地帯での資本家による暴力と近い側面もある。「抵抗の声域」という概念は、スコットの「弱者の武器」を補ってくれる概念であると理解していいだろう。

西カリマンタンでの抵抗

インドネシア社会省に所属するウタミ・デウィ氏は、西カリマンタンのある国営第13農園での住民の動きを詳細に報告している。

1975年に始まった第13アブラヤシ国営農園では、8、000ヘクタールの中核農園と8、000ヘクタールの小規模農園（プラスマ）が存在する。村びとは平均7ヘクタールの土地を提供し、4ヘクタールが企業側に渡され、残りの3ヘクタールのうち、2ヘクタールをアブラヤシ農園として利用し、最後に残った土地で家屋敷、家庭菜園などに利用するようになった。

ところが、肥沃な土地は企業が手に入れ、地元住民に分けられた土地は生産性の低い痩せた土地であった。また地元住民は農薬などを手に入れることが難しく、企業が経営する中核農園と、地元農民のプラスマ農園ではアブラヤシの生産性が大きく異なるという。ウタミ氏の指摘する抵抗のいくつかを例示してみよう。

① アブラヤシ果房の盗み

会社は地元農民に農薬の提供を「農民が農薬代金を支払わない」との理由でやめた。そのため、プラスマ農園での生産性は中核農園での生産性の半分にまで落ち込み、その分生活が苦しくなる。そこで、会社のアブラヤシを盗む行為が多発する。そうして「収穫」されたアブラヤシは安い値段で専門の業者に卸される。

(だが、中核農園のアブラヤシを盗むのはそうした生活苦だけではない。西スマトラでは、土地の再配分にともなう企業側の違約が挙げられる)。

② 別種類のアブラヤシの植え付け

会社はアブラヤシの品質を一定にするため、会社の許可する種子しか植え付けを許さないが、農民は自分たちの好む種子を植えたがる。その方が安くできるのだが、製品の品質が一定せず、会社は困っている。

③ 放火

もともとダヤック族は焼畑耕作を行っていたが、アブラヤシ農園の開発とともにできなくなった。中核農園のアブラヤシに火を放ち、その跡地に陸稲を植える試みが散見される。住民の人口増加で、住民側の土地が狭くなり、企業の土地の中に無許可で建物を建て、商売を始める農民が後を絶たない。土地収用の際の不正もあり、土地を返してほしい、という要求は日増しに高まる。

中核農園

林田茂樹氏は、アブラヤシ開発の基本モデルの中核農園（ＰＩＲ）についてつぎのように説明している。

ＰＩＲ方式による農園開発モデルは、１９７７年、南スマトラのトゥブナンとアチェのアルエ・メラで"Nucleus Estate Smallholder"と呼ばれる開発様式として最初に導入された。１９８６年第1号大統領令によって、農園開発を行おうとする国営・民営の企業に義務づけられて以降、農園開発にともなう労働力の受容のされ方を規定してきたモデルである。その概要は、以下のようである。

① 新たに特定作物の農園を開発する際、当該農園面積の8割を「契約農民〔参加農民〕(petani plasma)」と呼ばれる小自作農に割当て、開発を行う企業自体は2割の面積を自社所有の農園とする。

② 開発を行う企業は、中核（Inti）として、当該農園の作物の耕作・栽培方法について契約農民に対して技術的な指導を行うとともに、種苗や肥料、農薬などの投入財の調達、苗木の植付けや、農園で収穫される生産物のマーケティングに責任を持つ。

③ 契約農民は、さまざまなかたちで当該農園に小自作農として参加するのであるが、ジャワから家族単位で労働力・移住省が所管する移住計画に応募し採用されて現地に赴く、という経路を経る例が代表的なものであった。(新規の移民だけではなく、すでに移住した移民の再編成をともなっていた)。

④ 契約農民に配分されるのは、2㌶の農園用地、約1㌶の食用作物用地・屋敷地、および住居等であるが、これらの造成ならびに建設に要した費用は、後に返済の義務がある。

以上から、特定企業が開発したアブラヤシ農園を含む農園には、自らに配分された農園で農作業を行う契約農民〔プラスマ農民〕と、企業が自社の所有地での諸作業のために雇用する農業労働者の両者が、受容される労働力として存在することになる。

しかし実際には、中核企業と参加農民との土地の配分比率は、とても実行されたとは思えない。土地配分比率はその後企業側に有利になるように進み、以下見るように、50％と50％（それも名目的）、あるいは、2006年以降は、「友好」政策の名の下、企業側80％となった。また、開発移民に優先的に土地を配分することが目指されていたことも、その後の土地紛争をもたらした。

アブラヤシ開発ブーム

アブラヤシが最初にインドネシアで栽培されたのは、19世紀末のデリ・プランテーション地帯であった。アブラヤシは単位面積当たりの植物性油脂の生産量が大豆の10倍にも達する優れモノではあったが、広大な面積で栽培することが必要で、当時はそれほど需要がなかった。アブラヤシからは、良質な食用油脂が生産されるほか、マーガリン、石鹸、アイスクリーム、化粧品、医薬品などに加工される。コレステロール値も低く、生分解するという意味で、環境への負荷も少ないことから、「自然にやさしい」製品という評価を得て、先進国での需要が急増した。また最近では、バイオフューエルとして注目されているほか、経済成長著しい、中国やインドでの需要も急増している。

マレーシアは植民地時代に確立したゴム、ココヤシ、錫という三大産業を、ゴム需要が低迷する中、１９６０年代以降、アブラヤシ産業に転換することを決めた。以来、植え替え期を迎えたゴムやココヤシをアブラヤシに転換する政策が半島部マレーシアで積極的に取られ、21世紀初頭まで世界のアブラヤシ原油（Crude Palm Oil、ＣＰＯ）生産で50％を占めるほどに達した。アブラヤシからは、アブラヤシ核油も取れるが、便宜的にＣＰＯで代表する。

インドネシアにおけるアブラヤシ開発が政府主導で進められるのは、１９７０年代以降のことである。インドネシアでは伝統的に食用油としてココヤシからとれるヤシ油を使っていたが、インドネシア政府はアブラヤシの生産性に目をつけ、政策的なインセンティブを与えることで国内でのアブラヤシ生産を高める積極策を打ち出した。そして１９８０年代以降は、重要な輸出産物として位置づけ、外資を導入しながら生産を拡大した。

その結果、１９７０年に13万㌶のアブラヤシ農園があり、26万ｔあまりのＣＰＯ生産しかなかったアブラヤシ生産が、２００５年の統計によると、アブラヤシ農園は４８４万㌶（37倍増）と急増し、ＣＰＯ生産は６０４万ｔ（23倍）に達した。

１９９７～98年の経済危機後アブラヤシブームは一時停滞したが、ＣＰＯ単価の上昇と世界銀行からの資金援助、それにバイオフューエル燃料として注目され、さらに拡大する傾向が今でも続いている。そうした中、2007年、インドネシアは1、740万tのCPOを生産し、マレーシアの1、582万tを抜いて、世界第1位のCPO生産国になった。ただし、CPO加工製品の輸出ではまだマレーシアが1位である。2009年の生産高は2、000万tに達すると関係者は見ている。

インドネシアのCPOの生産が急成長した背景の1つが、スマトラ、カリマンタン、スラウェシ、それに西パプアなどで新規に植え付けられたアブラヤシが収穫期に達するほどに成長した結果である。インドネシア政府はさらに、数百万㌶の規模でアブラヤシ農園を拡大するプランを持っている。

インドネシア人NGO活動家、アンディコ氏とノルマン・ジワン氏は、アブラヤシ開発がもたらす紛争の特徴を以下の5点に要約している。(1)共有地権の否認、(2)開発の初期段階での人びとの参加不足、(3)有力者の抱き込み、買収、(4)会社と民衆との間の「契約」概念の不一致、(5)反対者への暴力。こうした指摘はもっともなことであるのだが、紛争の当事者全員に関わる権力関係の分析が求められている。

環境への負荷

インドネシアとマレーシア2国だけで、世界のCPOの80%以上を生産し、アブラヤシのモノカルチャー化が、特にインドネシアで急速に進んでいる。これは生物多様性を破壊し、また泥炭湿地林の開発にともない、二酸化炭素などの温室効果ガスを大量に排出するので、地球環境に大きな影響を与えている。

1997〜98年にかけて、インドネシアでは広大な森林火災に見舞われ、200万㌶以上が消失したと言われる。この時、インドネシア政府は、折からのエルニーニョ現象で乾季が長引き、森が乾燥したことを第一の原因に挙げた。そして、政府の警告にもかかわらず、いまだに焼畑耕作を行う先住民の焼き畑の火がその第二の原因であると説明した。

しかし、エルニーニョは大規模山火事の原因の1つではあるが、これだけ大規模な山火事が発生した背景には、急速なアブラヤシ開発が大きな原因となっていた。アブラヤシ農園を開くには、熱帯林を商業伐採した後、残った木々をブルドーザーで整地する必要がある。問題はその後、残った木や掘り起こされた根株を乾燥させ、その場で焼き払ってしまうことである。現在先住民による焼き畑はほとんど存在せず、また、そうした地帯と火災の現場は重ならない。

熱帯林の伐採後，ブルドーザーで整地し，アブラヤシ農園をつくる

インドネシア政府は大規模山火事の後、整地後の樹木の焼却を違法として取り締まるようにはしたが、ほとんど守られていない。現場から木々を運び出すにはコストがかかるので、多くの企業はそうしたコスト負担を嫌い、手っ取り早く焼却してしまうのである。

泥炭湿地林の開発には、さらに問題が多い。数千年の時間を経て形成された泥炭湿地林は、熱帯の大量の水分の中で植物が腐敗せずに堆積してできた森である。場所によっては、20 mほども泥炭が堆積した湿地林もある。そうした湿地林の開発には、まず、そこにある樹木を伐採し、それから、水路を開いて水位を下げ、乾燥地化を図る。

そこで初めて、アブラヤシの苗木が植え付け

燃えるガンブット（乾燥化した泥炭湿地帯）

られる。だが、植え付けた「土」は木片やシダ類の乾燥したもので、火がつきやすい。こうした条件の所に、何らかの原因で火がつくと、消火は困難である。水をかけてもなかなか消せない。本当に火を消すには、ブルドーザーで水位まで泥炭を掘り下げ、燃える物を取り除かないと不可能である。

泥炭湿地林が燃えると、通常の山火事の4～5倍の温室効果ガスを排出する。97～98年の大規模火災の時、インドネシアの温室効果ガス排出は瞬間的ではあれ、アメリカに次いで世界第2位にまで上昇した。また、酸性度の強い土地であるので、常に石灰をまいて中和する必要がある。そのため、泥炭湿地林の開発は地球環境に多大な負荷を与える。

本章で取り上げる西パサマン県では、アブラヤシ農園ができてから、洪水被害が多くなったという。それ以前は年1回程度の被害を受けるだけであったが、農園ができてからは年5回以上の被害を受け、時に水位が1・5mにも達するようになった。

土地はどこから来るのか

アブラヤシは1つの房に数千個の種子がつくので、その房ごと収穫する。ところが収穫されたアブラヤシの果房（Fresh Fruit Bunches、FFB）は24時間以内に工場で、CPOに加工される必要がある。そうでないと原料が急速に劣化するからである。そのためアブラヤシ農園が採算性を維持するには、CPO加工工場の周辺に最低3、000～4、000㌶の農園が必要である。理想的には1万～4万㌶（20km×20km）という途方もない土地が必要とされている。収穫までは農園での作業であり、収穫後工業製品として加工されるという意味で、アブラヤシ栽培はサトウキビ栽培と似ている。とにかく、巨大なアグリビジネスでしか利益を上げられない商品である。

問題はそうした広大な土地をどこから持ってくるのか、ということである。1980年代以降急速に拡大したインドネシアのアブラヤシ開発は、スマトラのリアウ州やジャンビ州、それにカリマンタンの熱帯林伐採の跡地を利用することで拡大した。1967年の森林法でインドネシアの国土の70%は土地基本法の適用されない森林とされ、国家の望むままに開発が進められた。スハルトに近い華人系実業家に伐採権が与えられ、伐採された熱帯林は合板に加工された。伐採跡地は、アカシアやユーカリなどの成長の早い木を植える産業造林として利用されるか、アブラヤシなどのプランテーションとして利用された。

国家の眼からすると「森林」と分類された土地にも、先住民は住んでいた。彼らは先祖伝来のアダットによる土地利用を行い、熱帯林という環境に適応した生活体系を何百年と維持してきていた。ところが、国家による開発計画が突然示され、ほとんど何の補償もなく、立ち退きを要求された。リアウや西カリマンタンでは、「森林」とされた国有地の開発が主であった。そこではマレー系やダヤック系の先住民が住んでいたが、阿部健一氏が指摘するように、リアウの泥炭湿地林では完全な無主地が存在した。西スマトラでは村の共有地での開発が主に行われている。1970年代以降に着手されたケースが多く、植民地時代に永借地権が設定された土地は少ない。

『ルージング・グラウンド』(2008年)と題されたレポートでは、全インドネシアでアブラヤシ企業と住民との間に513もの紛争が起きていることが報告されている。この

国営第6アブラヤシ農園（西パサマン県）でのインタビュー

紛争は主要なアブラヤシ企業23のグループ（国営、民間）の135社で発生しているという。

西パサマン県でのアブラヤシ開発

西スマトラでのアブラヤシ農園は、2004年統計で28万㌶であり、CPO生産は68万tである。その中で、インド洋に面する西パサマン県では9万3、000㌶の農園と、25万2、000tのCPO生産がある。面積で全西スマトラ州の33％の農園が集中し、36％のCPOを生産していることになる。

ところで、西パサマン県でアブラヤシ開発に供された土地は、一部の政府系農園を除けば、すべて1980年代以降村の共有地が開発されたものである。ナガリの共有財である共有地が、

PHPアブラヤシプランテーション

いったいどのようなプロセスを経て、アブラヤシ開発の土地として利用されていったのか。政府系農園の場合、植民地時代からココヤシ農園として利用されていたものが、永借地権を引き継ぐ形で国営農園に転換された。カパール、ササックの２つの村（ナガリ）にまたがって位置するＰＨＰ社農園の例を中心に見てみよう。

カパールとササックは、州都パダンの北北西２００kmに位置する。ササックはインド洋に面し漁民が多い。カパールはインド洋に直接は面しておらず、農民が多い。人口はカパールが７、４００人（２００２年）、ササックが１４、０００人（２００７年）である。

１９８０年カパールの慣習法指導者たちは、灌漑用水を整備して新田開発のための投資を呼びかけたが、頓挫。１９８９年パッサマン県知事（西パサマン県がパサマン県から分かれたのは２００３年）は、カパールとササックの有力者とアブラヤシ開発の可能性を協議した。そして90年、両村のナガリ慣習法会議は村の共有地２、４００㌶をＰＨＰ社に提供することを決定した。この共有地はオランダ時代以来「保護林」に指定され、開発の対象外であった。カパール１、６００㌶、ササック８００㌶である。ササックはさらに８００㌶を提供することになっていた。

ＰＨＰ社（「パサマン緑の宝石」という意味）は、インドネシア、マレーシアで、アブラヤシの生産とＣＰＯ加工、販売を担う東南アジア最大のコングロマリットである華人系ウィルマル・グループの子会社である。

分裂した村の意思

ところが、村の共有地をＰＨＰ社に提供する方法で、村の指導者の間で意見が一致しなかった。当初、開発のために村の共有地を提供することに同意した指導者の中で、10人が村びと全員による合議（ムシャワラー）の開催を求めた。共有地を「賃貸」に出すような重要な事柄は、成員全員の意思一致が必要であると彼らは主張したのである。

ミナンカバウの村には2つの異なった氏族の系列がある。1つはボディ・チャニアゴ系で慣習法の規定が「民主的」であるといわれている。もう1つがコト・ピリアン系で、こちらは「封建的」といわれる。

カパールはコト・ピリアン系氏族が強い村で、村の運営は「封建的」となる。どの村にも、「プチュ・アダット」という村の創設につながる家系があるが、コト・ピリアン系の村では、そのプチュ・アダットが最も発言力を持っていた。

ところが、カパールではそのプチュ・アダットではなく、BJL氏が最も発言力がある。彼は1980年代から長期に慣習法会議議長として辣腕を発揮した。BJL氏は普通の家系の出身だが、軍、政府、ビジネス関係者に顔が広く、いまでも他の村びとに「サクティ」(呪力)があると恐れられている。BJL氏以下12人が慣習法会議の決定権を持ち、彼らに異を唱える他の10人はすでに重要な会議には呼ばれない。

こうした指導者間の意見が一致しない中、BJL氏とその取り巻きが、村の土地を切り売りし始めた。村の共有地は、村に存在していた農民組合ごとに占有する区画が決められていたのであるが、BJL氏ら12人の慣習法指導者は、反対する農民組合の占有地まで「売りに」出した。

カパールはＰＨＰ社に１、６００ヘクタールを提供したほか、ＢＪＬ氏ら多数派が他の農民組合の占有地を自らの傘下にある小規模農園（プラスマ農園）として整地し、それを軍、警察、公務員、ビジネス関係者など地域の有力者に払い下げ、利益を上げていった。もともと共有地は土地登記されておらず、村の総有制である。そうした土地を取引する場合には、誰の意思によって、権利関係が決まるのか、はっきりしたルールはない。アダットによる合議を主張するグループは、慣習法会議の決定を乱す者として、排除された。

　ＰＨＰ社から12人の慣習法指導者に総額7億ルピア（30万米ドル）が支払われたが、これは村びとに分けられず、12人のポケットマネーとして消えた。ササックでも同様な手口でＰＨＰ社は８００ヘクタールを手に入れた。しかし、こうしたお金は、土地の売買契約ではなく、ミナンカバウ語で「シリアー・ジャリアー」という手付金のことである。ミナンカバウの共有地の売買は慣習法上禁止されているので、開発を行う者がとりあえず支払う一時金にすぎない。誰も１、６００ヘクタールを30万ドルでは売らない。

　反対派は開発そのものに反対しているのではない。土地収用にともなう、慣習法を無視した不正な手続き、受け取ったお金の不明瞭な流れ、などを厳しく批判していった。

空約束

１９９７年カパールの慣習法会議とＰＨＰ社は、２００１年以降、１、６００㌶のうち、半分を会社の中核農園として利用するが、残りの半分は地元民のための小規模農園（プラスマ）とする旨の協定に調印した。村びとが開発に賛成した背景には、「提供した土地の半分は村びとに分配される」という期待感があったからである。ところが、その約束は現在に至るまで守られていない。

１９９６年ＰＨＰ社に事業権が発行された。法的な観点からは事業権の設定は厳密な意味での売買契約ではないが、「ほぼ」それに匹敵する効果を持つ。村の共有地の近代法的な意味での売買は不可能である。だから、多数派の住民でも表面的にはＰＨＰ社に提供した土地は、「いまだに村の共有地である」と主張する。だが、その土地をどう使うかは、すでに村びとの意思を越えたところにある。

村びとの意思がどうであれ、いったん国家により事業権の設定された土地は、35年でも、70年でも、そして最近の法改正（２００７年投資法第25条）では、１５５年もの半永久的な期間の事業権が設定できるとされていて、二度と村に返還される可能性は低い。

ＰＨＰ社はカパールの慣習法会議に対して１、６００㌶の50％を会社の中核農園として、残りの50%を村びとのための小規模農園（プラスマ）として利用すると約束をしていた。しかし現実には、1、600㌶のうち会社は1、200㌶を中核農園として利用し、プラスマ農園としては353㌶しか使われていない。さらに、プラスマとして利用されるはずのその土地も、いまだに農民には分配されず、名目的には村の協同組合（KUD）の管理下にあるが、実質的には会社が管理している。しかも、ニアス島などからの開発移民がその労働者として雇用されている。カパールの村びとはだれも雇用されていない。

もっと悪質なのは、その協同組合が名目的に管理する農園からの収益の分配でも、差別が行われていることだ。会社に近い人ほど高い配当を受けている。会社は2005年10月から40カ月間、毎月1家族に付き17万5、000ルピア（20米ドル）を支払うことを約束した。ところが、ある家族には月2万ルピアしか支払われず、6万ルピア支払われた家族もあるとか。しかし中には、月100万ルピアももらった家族もあるという。多数派を激しく批判する村の少数派のグループはこの金の受け取りを拒否している。もらうと、賛成したとみなされることを恐れているからだ。

ササックの人びとはさらに、会社が約束した800㌶の土地の整地をしてくれないことに失望している。そうすれば、少なくともその半分は村びとのプラスマ農園として利用で

ゲルシンドミナン・プランテーション

きるはずであるからだ。

中核農園の場合、定められた税金を国庫に納めればいいだけである。ところが、プラスマ農園になると、プラスマ農園を運営する協同組合はその利益の1％を村に供出しなければならない。会社は中核農園の割合が増えれば増えるほど、利益が上がる仕組みで、これが「空約束」の根拠となっている。

こうしたことは、アブラヤシ開発の至る所で起きている。カパールの隣の村のスンガイ・アウルでは、ウィルマル・グループの子会社（ゲルシンド社）がほとんど同じ問題で村びとの突き上げを受けている。ゲルシンド社は6、000ヘクタールの土地のうち、40％はプラスマとして提供し、60％は会社の中核農園として利用すると約束していた。ところが、実際にはプラスマとしては１、０００㌶（16％）しか提供せず、残りの５、０００㌶を会社の農園として利用している。

村内部の権力関係

１９８９年までは、カパールには農民組合は１つしかなかった。ところが村の指導者間で分裂が起きると、もともとの農民組合（ＲＴＳＫ、「統一カパール農民組合」）は、91年いくつかに分裂した。現在６つの農民組合に分かれている。それを便宜的に、３つのグループに分けることができる。多数派、中間派、そして少数派である。

多数派は３つの農民組合からなる。最も有力なＢＪＬ氏の傘下にあるシドダリは１９８世帯から構成され、自らのプラスマとして４００㌶を保持している。ＢＪＬ氏の「力」でシドダリ農民は、ナガリ銀行（正式には西スマトラ開発銀行）から破格の融資を得て、プラスマ農園の経営を行っている。

１９８世帯のうち、カパール在住者はＢＪＬ氏の直接の指揮下にある25世帯だけで、残りはカパール外の人びとである。こうしたことは通常ありえないが、それが通ってしまうところがＢＪＬ氏の「実力」である。たとえば、警察関係者が48世帯いる。通常１世帯１

カプリング（区画の意味で、ここでは2㌶）しかもらえないが、2カプリングもらっている世帯がいくつかある。シドダリ以外の多数派の組合も、有利な融資を受けている。

中間派がもともとあったRTSKである。彼らは350㌶を自身のプラスマ農園として保持していて、共有地の伝統的な利用を訴えるが、BJL氏をまともに批判する勇気はない。また少数派を公然と支持することもしない。

最後のグループがトゥナス・メカール（芽生え）と名乗る少数派である。1998年結成され、現在145世帯がいて、180㌶の共有地を保持していた。彼らはPHP社が最初村びとに約束していた800㌶の土地は村びと全体に分与されるべきものであると主張し、98年耕作を開始した。

すると、2000年になって彼らの作った作物は破壊され、地元の警察や警察機動部隊、あるいはプレマンの暴力にさらされた。彼らはそこに立ち入ることを禁止され、2007年、トゥナス・メカールの保持していた180㌶は多数派により「売却」された。「売却」とは第3者が「シリアー・ジャリアー」を支払って、耕作権を得るという意味である。そのため彼らは自分の耕作地すら奪われ、生活は困窮するばかりである。

少数派のトゥナス・メカールは、彼らに対する暴力が激しさを増し、自らの土地さえ奪われてしまったので、インドネシア農民漁民連合やパダン法律擁護協会（LBH）に支援を求めた。農民漁民連合は、西スマトラでの土地紛争の発生している村間の連合組織である。資金的に西スマトラ州WALHI（アースインドネシア）の支援を受けている。

カパールにおける暴力の問題を考える場合、村にアブラヤシ開発企業を誘致しようと決定して以来、村の権力関係がどのように変化したかを理解することが必要である。多数派は、慣習法会議の意思を最大の根拠として開発を容認し、少数派はナガリの最高の意思決定機関である「合議」（ムシャワラー）の開催を強く求め、一部の有力者が外部の勢力と結託して「私益」を追求していると批判している。

ポイントはアダットをどのように理解し、どう適用すべきか、ということをめぐる争いである。スコットが指摘するように、少数派が既存のヘゲモニー概念である「アダット」の順守を強く訴えていることに彼らの正当性を求めていることを確認しておこう。

土地紛争と治安問題

バーローらは、アジア経済危機以降、インドネシアのアブラヤシ農園の産物は頻繁に盗まれ、2000年代初期には全生産高の5～10%ほどの産物が被害に遭っていると推計している。「盗みをするのはたいてい村外の住民だが、警察や地元の政府関係者もいる。そのため治安費用は高騰し、製品1t当たり5ドルにもなる」という。

プランテーション産物を盗むということは、アン・ストーラーの『プランテーションの社会史』でも取り上げられている（第3章～5章）。ストーラーによると、盗みは複数のプランテーション間に「不法占拠する」農民が行うだけではなく、プランテーションの管理部門の人間も、私益の追求のために日常的に行っていた。ササックのある協同組合の年次報告では、「村びとの中には農園の産物を盗む者がいる」と告発している。

私がこの問題で村びとに質した時、彼らは「会社が土地分配の約束を守らないので、自分たちはその権利を実行しているだけ」だと答えていた。つまり、「盗む」のではなく、当然の権利として「収穫」を行っているという。ただ、農園の治安要員（非武装）がいるので、彼らに見つからないよう、月夜に集団で行う、という。少数派の農民が、会社が分配しようとしない土地で耕作を開始したことに通じる。

『ルージング・グラウンド』（2008）は会社から住民への暴力の実態をつぎのようにまとめている。拷問、殺人、銃撃、拉致、逮捕、住民の住宅への放火など。こうしたことは、他の土地紛争でもしばしば見られる。それはスハルト時代に限定されない。むしろ、改革時代になってからも地方では頻繁に起きていることの方が問題である。

　2008年西パサマン県のキナリ村（カパールから10㎞）で、ある男性がアブラヤシの果房（FFB）を盗んだという理由で警察機動部隊に銃撃され、重症を負った。この事件は2週間もの間伏せられていたのだが、地元紙がすっぱ抜いて大騒ぎになった。Rという男性が夕方バイクに乗ってウィルマル・グループの子会社のある農園の端を走っていて、警備中の警察機動部隊に誰何され、いきなり銃撃された。

　この事件は大きな問題をはらんでいる。なぜ、重武装の警察機動部隊が農園のパトロールをしていたのか。Rはほんとうに FFBを盗んだのか。Rの入院費用は誰が支払うのか。この事件に西パサマン県知事は激怒したが、そもそも、アブラヤシ開発を推進したのは県の政策であり、県の収入の58％を農園から得ている状況（アンダラス大学のアフリザル氏の研究による）で、はたしてどこまで真相の解明が期待できるのか。

　改革時代になって地方自治が推進され、県に開発の許認可権限が渡された。すると、県知事の恣意的な事業が目立つようになり、多くの混乱が生じている。また、スハルト時代の特権を失った軍は、企業の治安要員として副収入を得ることが多くなり、いきおい、住民への暴力は頻発する。

少数派への暴力

2000年4月、パサマン県庁前で、カパールの共有地取引の不正を糾弾する集会が開かれた。だが、7人が逮捕状なしに逮捕された。翌日数百人のメンバーが7人の逮捕に抗議して県警察本部に押し掛けた。彼らは7人が収監されている刑務所の鍵を壊し、7人は逃走した。するとその翌日、重武装した警察機動部隊が数台のトラックでカパールに乗り込んだ。警察機動部隊は空砲を撃ちながら、村の中を一斉に捜索しだしたので、大半の男は村外に逃げた。運悪く、事情を知らず村に残った3人が刑務所破壊の首謀者として逮捕された。警察に連行される途中で、3人は激しく殴打された。

こうした事態にカパールの女性が不当な逮捕に抗議し、また農民漁民連合の呼びかけで500人ものデモ隊が組織され、当局に抗議した。このような抗議を受けて、3人は1カ月後に釈放された。しかし、1人50万ルピア（50米ドル）の罰金を支払うことを余儀なくされた。「被告を早く出すためには必要な妥協だった」とLBHパダンは語る。

しかし1年後警察は攻勢をかけた。01年8月、トゥナス・メカールの2人の指導者が令状なしに逮捕された。夜明け前、自宅から強引に連れ出され、リンチを受け、病院に送り込まれた。しかも別の名前で入院させられたため、家族が2人と出会えたのは、逮捕から

3日後のことであった。不思議なことに、逮捕状は逮捕した翌日発行された。容疑は、1年半も前の刑務所破壊を扇動したというもの。その後も、トゥナス・メカールのメンバーの逮捕が続いた。ある若手指導者は2回も逮捕された。

インドネシアの刑務所内の状況の悪さは世界的にも問題となっている。これは改革後も変わらない。2回も逮捕されたZ氏は、「食事は粗末なものが朝晩の2回出るだけ。多数が狭い部屋に収容され、トイレもないため、衛生状態も悪い。毎日殴られ、時に背中に電気ショックを当てられた」。「扇動者」であることを認めろ、と執拗に強制された。

多数派の反撃

カパールの問題が有力週刊誌の「テンポ」でも取り上げられたので、BJL氏らの多数派は反撃を始めた。2000年8月、慣習法会議・議長としてのBJL氏は書記との連名で、ある人権団体の批判に答える書簡を送った。彼らは批判を受けた共有地の取引は、「アダットに則り、合法的、イスラームの規範にも背いていない」ことを強調した。そして「テンポ」誌が依拠した証人の証言には根拠がないと批判し、「村に来て、実情を正確に知ってほしい」と要求した。

さらに、書簡の最後でこう述べている。「村の中で反対している者はごく一部で、彼らは刑務所を破壊するなど、違法な行為を繰り返している」。だから、そういった連中に暴力をふるってもかまわない、といわんばかりである。少数派の行動が、刑務所破壊という側面だけに歪曲され、彼らがなぜそうした行動に至ったかについては何も触れていない。

多数派は村外の批判に答えるだけではなく、ＰＨＰ社とも闘っている。彼らもＰＨＰ社が１９９７年の協定（１、６００ヘクタールを「50：50」に分けること）を順守しないことを不満に思っているのだ。あるいは少数派の主張に実際は合理性を感じていたのか。そこで、ＰＨＰ社を訴えた。２００７年1月パダン高等裁判所で判決が下り、「原告勝訴」を勝ち取った。そのため会社は最高裁に上告したが、突然上告を取り下げた。裁判が確定しても、会社は「約束を守ると利益が出ない」と強弁して、具体的な動きを取っていない。

少数派と多数派の間の緊張は高まっているが、両者の間でコミュニケーションがまったくないわけではない。少数派の若い指導者Ｚ氏は、多数派の有力者ＢＪＬ氏の「クポナカン」（姉妹の子ども）である。Ｚ氏から見ると、ＢＪＬ氏は「ママック」（母の兄弟）ということで、ミナンカバウ母系制を支える重要な人間関係（おじと甥の関係）である。日ごろ、「ＢＪＬが自分を売った」と激しく批判するＺ氏が、私をＢＪＬ氏の自宅に連れて行き、紹介してくれた。2人は敵ではなく、仲のいい親戚と誤解してしまうほど、両者の間の会話は自然であった。

BJL氏はその後、PHP社への対応を協議する村の会議に私たちを招待してくれた。Z氏が2回逮捕され、反対派の指導者であること、また外国人が突然そこにいることで、参加者は当初動揺していたが、BJL氏は私たちを紹介し、会議の冒頭の傍聴を許してくれた。会議はその後PHP社に約束の履行を求めていくことを確認して終わったそうだが、激しい暴力の存在を一時忘れてしまうほどの雰囲気であった。BJL氏の本質は噂とは違うのか、あるいは私を前にして態度を取り繕ったのか。

治安のコスト

スハルト時代では、「軍の二重機能論」が体制の隅々にまで浸透していた。軍は国防・治安の分野だけではなく、政治社会全般に責任を持つべきである、という「理論」であった。ところが、改革の時代に入ると軍の「二重機能論」は大きく後退し、軍の民主化が改革の行方を占う試金石の1つとなっている。

スハルト時代に「アリババ」といえば、軍と華人ビジネスとの癒着を表わす隠語であった。アリとはインドネシア人男性に一般的な名前であるが、軍幹部を意味する。ババとは年配の華人男性のことであるが、華人の経営するビジネスのことである。軍幹部は華人系企業の顧問に就任し、月に一〜二度出社するだけで高給をもらえる。もちろん華人の方も軍幹部の保護と利権の斡旋を期待してそうした出費に応じるのであり、実際、多くの場合十分に元は取れた。

ところが1988年以来産業構造の転換が行われ、アリババ関係は維持できなくなった。それでも軍幹部の場合には、いくつかの企業の「使い走り」としての関係を維持できたが、国軍の兵士はそうした企業の治安要員としてわずかな収入を得るだけであった。

改革時代の初期の混乱のため、各企業は製品1t当たり5ドルを治安部門用の費用に充てていたことはすでに指摘した。具体的に、どのような項目の治安関連の費用がかかるのか。カパールの例を詳細に検討してみよう。

カパールには15人の警察機動部隊——州警察のエリート部隊——が駐屯している。警察機動部隊員への謝礼は、月、2,000〜3,000万ルピア（2,300〜3,300米ドル）であり、慣習法指導者から支払われる。その原資はPHP社、ナガリ銀行、それに多数派の農民組合から出ている。これは警察機動部隊員個人に支払われるものではなく、彼らを管轄する州警察に対して支払いがなされる。もちろん、村での掃討作戦のような時には特別な手当てが支払われるのであろう。こうした定期的な収入以外に、警察機動部隊員はＦＦＢの配給を受ける。

キナリ村で起きた銃撃事件を引き起こしたのはこの警察機動部隊である。彼らがあたかも、射撃訓練であるかのように発砲し、その責任を今でも問われないという事態をどう考えたらいいのか。スハルト時代とどこがどう違うのか。地方には改革の波は来ていない。

警察機動部隊は会社が独自に持つ「治安要員」（25〜35人）と有機的に結びついている。通常そうした「治安要員」は北スマトラ（バタック）やフロレスなど西スマトラ以外の出身者が大半を占める。会社の治安要員は民間人であるため、武装してはいない。通常農園内をパトロールしているのは彼らである。もし何らかの異常な事態を見つけたら、直ちに警察機動部隊の出動となる。

こうしたエリート部隊以外に、ＰＨＰ社には郡警察部隊45人が駐屯している。彼らも農園内をパトロールする。彼らは軽武装しかしていないが、「怪しい」人物を即逮捕することもできる。この45人は、多数派農民組合、シドダリの名目的なメンバーで、90㌶の土地を破格の値段で与えられた。市価では1カプリング（2㌶）当たり2億ルピア（2万

2、000米ドル）するが、彼らは1、500万ルピアという相場の10分の1以下の価格で分け与えられた。こうした待遇は実質上の贈与である。彼らは農園で働くことはなく、他の誰かが彼らに代わって労働をし、彼らは収穫されたFFBに応じて利益を得る。

悪　夢

カパールからパダンに向かう帰途、いちど非常に怖い経験をした。道路に1台の車が停車していた。その車のために狭くなった区間で、われわれの車と対向車が離合した。どちらの車も譲らず、最悪のタイミングですれ違ったため、お互いのサイドミラーがぶつかり、「バーン」という音がした。どちらかが譲れば何の問題もなかったのであるが、妻との関係でいら立っていたという運転手もムキになった。

サイドミラーがぶつかっただけで何の問題も起きなかった、とやや安心しだした15分後、第二の事件が起きた。後ろから接近する1台の車に気付き、道端に停車すると、ドアを激しく叩き、「開けろ！　ミラーが壊れた！　謝れ！　弁償しろ！」と若い男が興奮しながら怒鳴っていた。

友人のNGO活動家が、外に出て「止めろ！　止めろ！」と仲裁に入ると、いきなり頭を2発殴られた。運転手は「お互いさまだ」と言っていたが、やむなく彼らの主張を認め、近くの修理屋で修理をし、修理代を払って別れた。

しかし、問題はこれで終わらなかった。まず、殴られた友人が「耳が聞こえない」と言うので、耳鼻科を受診すると、鼓膜が破れていた。その治療費も私が負担したが、もっと怖い事態がその後カパールで起きていた。

この事件の顛末を携帯電話でカパールの少数派に連絡をしたが、彼らはその後、件の車の捜索を始めた。15台のバイクが集まり、助手席には「パラン」という蛮刀を手にした若者が乗っている。その一団は、日ごろから些細なことで村びとを殴るある有力者の息子がその「犯人」ではないかと疑い、彼の家に押し掛け、「車を見せろ」と迫った。その男の父親も恐怖にかられ、「息子はこの2~3日車では外出していない！ 誓う！」とうろたえていた。車を調べるとミラーを交換した形跡はないので、どうも彼は「白」である。しかし30人はその後、主要な交差点で疑わしい車を深夜2時までチェックし続けた。

もしも、日ごろ村びとをよく殴る若者が友人を殴った男であったならば、最悪の事態に発展したかもしれない。そうしたことが起きなかったことに、後日胸をなでおろした。

2002年7月24日の「コンパス」紙は、タナダタール県で「住民がアモックを起こした」事件を報じた。事件は馬車とぶつかった警官が御者を殴ってけがをさせたので、住民が謝罪を求めて警察に行くと、警察がきちんと対応しなかった。翌日、数百人規模の抗議デモが行われたが、警察が強硬な態度で応じたので、住民の怒りが爆発した。警察署や車が焼きうちされた。それに対して警察が発砲し、数名が死亡、多数のけが人が出た。

インドネシア語で「アモック」というと「理由もなく暴れる」という意味で、住民の非理性性を示す行為とみなされる。しかし、「法と秩序」を強要するのは体制側が多く、この言葉の使用には注意を要する。日ごろ住民は軍や警察の暴力にさらされていて、些細なことで日ごろの不満が一挙に爆発する可能性がある。

悪銭身に付かず

共有地をPHP社に提供したことで、12人の慣習法指導者たちは巨額の利益を得た。だが彼らはそうして得たお金を、飲酒、ギャンブル、それに買春で消尽しつくしたという。

西スマトラはイスラームの非常に強い州である。母系制とイスラームの共存という「奇妙な」関係がすでに200年以上続いている。だからイスラームの教えに従って、飲酒は厳禁である。ただしビールだけはアルコール分が低いので、市販されているが、度数の強い酒は一部のホテルでないと手に入らない。それでも、アンダーグラウンドでこうした強い酒が手に入るルートがある。軍関係者の違法なビジネスの可能性がある。

ギャンブルとは賭けドミノと闘鶏である。西スマトラの村に行くと、年配男性が昼間からドミノに興じている姿をよく見かける。普通低額のお金が賭けられているが、大金を手にした指導者たちは、大きな賭けをしたのであろう。

買売春は農園の給料日に行われる。農園の給料は毎月2回支払われるが、月に一度大きな支払いの日がある。市がたち、日ごろ娯楽の乏しい田舎に、非日常的な空間が突如出現する。村びとの説明では、「売春をするのはジャワ人、バタック人など外からの移住者たち」であるとか。既婚、未婚にかかわらず、必要があれば売春を行う。地元の女性は「いない」という。闘鶏もこの時に行われる。

少数派農民の説明では、そうした指導者にはトヨタ・ランドクルーザー以外は何も残らなかったという。「邪悪な手段で手に入れた金は、悪魔に食いつくされた」とか。アブラヤシ資本はカパールの環境を破壊しただけではない。それは、イスラームの規範に基づく彼らの道徳をも破壊してしまった。

『インドネシアにおける暴力のルーツ』（２００２）のイントロダクションで、編者のコロンベインとリンブラッドは、オランダ植民地時代の暴力の記憶を強調している。彼らが指摘する７つのポイントのうちいくつかは、土地紛争における暴力の問題を考える際参考になる。「アウトサイダーが人間として扱われなくなると、暴力は異常に激しくなる」。確かに、ムンゴでもカパールでも、開発に反対する少数派が「違法行為を繰り返し、村の秩序を害する人たち」というレッテルが貼られたことがあった。こうした他者化による暴力の正当化は、文化人類学におけるウィッチクラフト論が詳しく追求してきたところであるが、いかにしてそうした他者化はなされてきたかを十分に把握する必要があるだろう。

さらに彼らは、革命時代の「若者」とプレマンとの類似性にも言及している。「革命時代のインドネシアでは若者はプムダと呼ばれ、ヒロイズムのオーラを帯びていた。政治家や行政官に雇われた街のギャングたちがしばしば暴力を市民に振るったが、それは植民地時代の遺産でもあった」。

先に、怖い事件に巻き込まれそうになったことを記したが、私の友人を殴った男は近辺のプレマンの１人であるだろう。ＮＧＯの活動家も、カパールではしばしば殴られている。

そうしたプレマンが村の有力者から金をもらっていることは確かだが、彼らをインドネシア独立革命の「プムダ」のヒロイズムと結びつけるのには抵抗がある。改革時代の暴力は、治安部門の改革がまだ地方におよんでいないためであると考えた方がいい。

改革時代のアブラヤシ開発

ANUのジョン・マッカーシー氏らは、リアウ州と西カリマンタン州の2つのアブラヤシ開発を比較し、開発時代での地方自治体の政策次第で、開発が成功もすれば、失敗に帰することを比較検討している。

改革時代に入ってから、種々の「コミュニティ農園」プロジェクトが計画された。これは、従来の中核農園モデルを踏襲しつつも、「友好」政策の名の下、大規模資本を労働集約的なアブラヤシ農園に投資してもらうことで貧困撲滅を図るという政策である。中央政府はなるべく関与をしないで、地方政府の裁量で「コミュニティ農園」を運営していこうとする趣旨であった。だが、地方政府のイニシアティブにゆだねた結果、多くの場合、企業に有利な土地配分政策を追認する結果につながった。

地方自治法施行後、県は大きなパワーを手に入れた。そのため、「友好」政策の名の下、その適用には大きな差が生まれた。個別の自治体がどのような条件でその政策を実施するかで、結果も大きく異なった。

また、農業大臣令２００７年第26号によって、参加小規模農民には開発した土地の最大20％を分け与え、開発企業は残りの80％の土地を受け取り、企業活動を行ってもらう、という政策が可能とされ、企業活動により有利な条件が法的にも作られた。

サンガウ県の「友好」政策

西カリマンタン州のサンガウ県では、アブラヤシ農園を県の財政改善の重要な手段と考え、参加企業に有利な条件で開発を行う政策を提示した。２００２年の「友好モデル」の登場以来12の新規農園に開発許可を与えた。それぞれの農園は最大２万㌶を与えられ、24万㌶が提供された。「友好モデル」は種々の形態が可能とされているが、サンガウでは県条例で、80：20原則（80％の土地を開発者、地域住民は残りの20％）が採用された。個々の農園では、会社が１万６、０００㌶をとり、農民は残りの４、０００㌶を与えられるだけ。それでも会社はこれでは企業は十分な収益が挙げられない、とこぼしている。

サンガウ県条例によって、企業は土地取得のために地元住民に十分な説明をしなければならない、とされてはいたが、実際にはこれまでの開発の失敗例とほとんど変わらない方法がとられた。つまり、計画が決定してから村びとに説明があり、「80対20」の割合を受け入れるよう強制されるだけであった。

この計画を受け入れた農民には、ヤシ、果樹などの多年生作物への損失補償があっただけで、土地そのものへの補償はなかった。多くの農民は土地を「賃貸」しただけで、「売却」はしていないと信じていたが、土地取得の際の説明が十分になされたとはとてもいえない。会社の「住民説明」が終わった後で、参加住民は農薬代など会社に負債を負っていることについて、何も知らなかった。会社から農薬を購入し、それをFFB価格から天引きされるのであるが、そこを十分に説明されていなかった。また、農園内のどこに自分の土地があるかを正確に知っている者も皆無であった。

一部の農園ではアブラヤシの収穫期をすでに迎えた。「友好」政策の下、平均的な「小規模農民」(プラスマ)は毎月約30万ルピアの収入がある。ところが、それ以前の政策では、約70万ルピアの収入があったと推測されている。以前は「70:30」の配分比であっただけに、「友好」政策という名の下で、住民にとっては明らかな後退を示している。「80:20」の配分比で土地を割り振られた場合、つぎの世代には土地が大きく不足する。将来の土地紛争が案じられる。

シアック県の「友好」政策

リアウ州はインドネシアの中で最も多くのCPO（アブラヤシ原油）を生産する州である。以前の「中核農園、開発移民」政策の下では、開発移民に好都合な政策であった。そのため、マレー系住民は農園と巨大な木材企業のエステートに挟まれ、貧困な生活を余儀なくされていた。

そこでシアック県は、アブラヤシ生産から上がる県の予算を使って、他に例のないようなアブラヤシ開発プロジェクトを立ち上げた。他の地域の「友好」政策とは異なり、シアックでは県がプロジェクトの資金提供者でありかつ執行者であった。国営アブラヤシ農園は土地開発者としての役割を果たし、インドネシア・アブラヤシ研究所が技術指導と監督機関として機能した。

県の担当チームは、県内でまだ未利用な土地がありかつ最も貧しい村を慎重に探した。このプロジェクトでは、土地のない農民や、地元でしか通用しない土地権証書を持っている個人を最優先で選んだ。村の集会が何回も開かれ、参加希望者は参加の有利不利を詳しく検討できた。また、企業からの借り入れも半分は県が低利で負担した。また計画確定後、その後の土地紛争を避けるために、競合する土地権者がいないかどうかが精査され、確定後法的な土地権証書が発行された。

現行の形式的な土地権行政では伝統的な土地権をカバーすることができない。正確な地図も、土地権者のデータもない。県が開発のターゲットとしたのは、利用されていない「国有地」を、コミュニティ管理下の伝統的な所有権の下に復帰させることであった。だがそのような大規模な土地はすでにアブラヤシ開発の事業権が設定されていて、いきおい、村の中での耕作地の再配分という方向に進まざるをえなかった。だからこの計画は、より多くの土地所有者を生み出すことと、できるだけ多くの貧しい人々をいかに救済するかという異なった目標間のバランスをいかに取るかが課題となった。

当初1人3㌶の土地を確保するのが目標であったが、現状では1・5〜2㌶の土地しか提供できていない。まだ植え付けの行われていないアブラヤシ開発予定地5カ所に対して県は、土地のない貧しい人びとに提供するよう国に訴えているが、まだ思わしい反応が得られていない。

シアック県の政策は、同じ「友好」政策の枠組みの中で、サンガウ県とはまったく異なった結果をもたらしている。サンガウが「80：20」の配分比に固執したのに対して、シアックでは県の全面的な支援、十分な説明、効果的な監視といったアクターが有効に機能することで、土地のない人びとに土地を提供し、貧困から救済することに成功しつつある。

シアックのケースを例外として特別視するのではなく、シアックを全インドネシアのモデルケースとすることで、アブラヤシ開発にともなう土地紛争は解決されるのではないか。一抹の希望を期待させる事例である。

第4章　水の公共性、民営化と水利権をめぐる紛争

水は非常に公共性の高い資源である。インドネシアでは現在民営化の影響で、その水が危機にさらされている。国際的なミネラルウォーター資本がインドネシアの水道事業に介入し、また優良な水源はそうした企業の利益追求の目的に占有され、農民や貧困者が苦境に立っている。地方自治時代にあっても、水の管理は民主化されなかった。一部の西スマトラの村では水源の利用権を当局に認知させることには成功したが、新たな水をめぐる紛争も起きていて、資源としての水はだれのものであるかという根本的な疑問はますます大きくなっている。

IMFと水資源の民営化

「インフィド」（インドネシアの開発に関する国際フォーラム）の「ニュースレター」は

2003年と2005年にインドネシアの水問題を特集した。NGOのニュースレターとはいっても、専門家による執筆が多く、レベルは高い。これは、水資源の民営化により、深刻な問題がインドネシアの民衆におよぶという警告であった。

インドネシアは、水資源自体は豊富な国であるけれども、その質は非常に悪い。これは汚染、排水、衛生面で劣悪な環境下にあることを示している。

「インフィド・ニュースレター」はつぎのような問題点を指摘している。

まず、都市部で人口増のために上水道の需要が急増している。インドネシア全体では上水道の供給は十分ではあるが、それはすべての地域において当てはまるわけではない。たとえば、ジャワでは全インドネシアの4・5%の水資源で、2億1千万人の人口の65%を支えなければならない。その結果、乾季における水不足が深刻である。

つぎに、水管理者の不適切な水利用と増大する水需要に応えるインフラ事業が不十分である。IMF(国際通貨基金)の指揮下に発足した「水資源構造調整融資」(WATSAL)の報告によれば、都市住民の40%しか水道を利用しておらず、必然的に人びとは日常用水と産業用水を地下水のくみ上げで賄っている。

IMFはインドネシアへの融資の条件として、つぎのような条件を認めることをインドネシア政府に迫った。

（1）表層水だけではなく、深層地下水を利用可能にする水利権の導入

（2）水資源の私企業による利用と水質管理法令の再編

（3）水資源に関連する林業、農業との協調

このことによって、水利権は日常用水のための権利と、ビジネス用の水利権に二分された。これは土地権の場合と似ているが、事態はもっと複雑である。水ビジネス用水利権は経済原則で運営されることが明確に位置づけられた。また、従来地域社会が担っていた水管理システムを新たなトップダウン式の水利農民組合に任せることになり、地域社会に混乱と経済原理を持ち込むことになった。

水ビジネスの始まり

１９７４年の法律第11号（以下「一九七四年水利事業法」と略称）は、１９６０年の土地基本法の精神にのっとり、土地基本法の中で、抽象的にしか述べられていない水利事業権を詳細に規定した。これはスハルト政権の開発路線に沿った法律で、灌漑事業や地域水道公社などの事業が可能になった。しかし、この法律では従来慣習的になされてきた住民

による水源管理を認めないなど、問題点もあった。

インドネシアにおけるミネラルウォータービジネスは、１９７３年、華人系企業家のティルト・ウトモにより始められた。現在のアクア社である。生水の飲めないインドネシアで、ミネラルウォーターへの潜在的な需要があった。だが、インドネシアが中国と並んでアジアでの有数なミネラルウォーター生産国になった背景には、国際ウォータービジネス資本の参加を積極的に促す１９９０年代の政策があった。アクア社は１９９８年、フランスのダノン社と資本提携を行い、さらに事業を拡大した。ダノンはインドネシアだけではなく、中国とタイにも進出し、アジア市場はダノンの独壇場となってきている。

現在インドネシアでミネラルウォーターを生産している会社が４００社あり、６００のブランドがある。表1からわかるように、全インドネシアのミネラルウォータービジネスで、「アクア」が断トツで1位、市場占有率は毎年90％以上を占める。残りの７～８％をクラブ、ヴィット、アデス、アクアリア、ドゥア・タンなどの全国ブランドが生産し、さらに地方の地域ブランドの会社が残りの2～3％を生産している。インドネシアでは「アクア」とはミネラルウォーター全般をさす普通名詞になっている。

外資の導入をさらに進めたのが、１９９７～98年のアジア経済危機である。この危機を

表1　インドネシアにおけるボトル飲料水生産

企業名	2007年	2008年
アクア	91.4%	92.7%
クラブ	1.8%	1.9%
ヴィット	1.7%	1.4%
アデス	1.2%	1.0%
アクアリア	0.4%	0.5%
ドゥア・タン	0.3%	0.4%
その他	3.2%	2.1%

出所：Indonesia Consumer Profile 2008, MARS Indonesia.

乗り越えるためにインドネシアは、ＩＭＦや世界銀行からの融資を必要とした。汚職にまみれ経営効率の悪い水道公社などの水利事業に外国民間資本を導入し、より効率的で競争力の高いパフォーマンスを期待できる民間企業がインドネシアのウォータービジネスを担うようになった。

その結果、「一九七四年水利事業法」では対処できなくなり、水源の利用管理に関する２００４年法律第７号（以下「二〇〇四年水源法」と略称）が制定された。多くの反対を押し切って制定されたこの法律により、外国民間資本がウォータービジネスに参入できる環境が整った。「二〇〇四年水源法」では、水資源は住民の生活用水、灌漑用水として利用されるだけではなく、「商品」として利用可能であることが明言された。その結果、多くの水利事業者の集中する西ジャワ州のスカブミ県では、過度な取水のため住民の生活と農業に大きな影響が出てきた。

水ビジネスの集積地、スカブミ

ボゴールにあるNGO、「エルスパット」(持続的生活・農業協会)は、2007年、『西ジャワ州スカブミ県チダフ、チチュルグ郡の村々に対する水利事業者による取水の影響』と題する大部な報告書をまとめた。私は彼らの案内で現地を訪れ、インドネシアのミネラルウォータービジネスの問題点を検討した。

スカブミ県のサラック山系の北部山麓は表層水だけではなく、深層地下水も豊富である。その理由はスカブミ盆地の地形にある。スカブミ盆地は、西はサラック山(2,211m)、東はグデ・パングランゴ山(2,958m)に囲まれているため、すり鉢の底に当たる。年間降水量2,000㎜の水が表層水としてだけではなく、地下水となって流れ、泉として地表に噴き出している。スカブミは日本のミネラルウォーター生産の中心地、甲府盆地と地形的に似ている。

1998年に行われた環境地質局による水資源の調査によれば、チチュルグ郡とチダフ郡には37の水源があり、すでに1980年代からこの地帯に水利事業者が参入し、90年代に入るとこの地の主要な産業となった。中央政府も地方政府も水利事業を後押しした。その理由は水資源が豊富であること以外に、豊富な労働力とジャカルタ都市圏に近いことにある。2000年代に入ると水利事業は頂点に達したといえる。

「二〇〇四年水源法」以前に、西ジャワ州法やスカブミ県条例の形で民間資本による水資源利用の道が準備されていた。たとえば、深層地下水の利用を採掘権一般の中に入れた2002年スカブミ県条例第7号で、県知事の認可があれば深層地下水「採掘」事業が可能になった。また、表層水の利用に関しては2001年西ジャワ州法第10号で、州政府と県政府が共同で認可できることを規定している。しかしこうした法令は許認可権限が錯綜していて、実際には法令は順守されていない。許認可を受けずに、不透明な形で事業が継続されているケースもある。

2007年のスカブミ県鉱業エネルギー庁のデータによれば、2007年末にスカブミ県で操業している水利事業者は156社に上る。水の使用量から言えば、ボトル飲料水事業が最も多い。2006年にすべての事業者が取水した量は、1、858万6、021㎥である。表層水からの取水が1、080万8、210㎥、深層地下水からの取水が777万7、811㎥である。

地下200メートルから汲みだされるアクア社の水源。高い塀と鉄条網で囲まれている

チダフ郡とチチュルグ郡はスカブミの中でも水利事業がとくに集中している地域である（42社が操業）。だが、まだ半数以上が農家である。調査地の住民はその変化に十分対応できなくて、失職と貧困に苦しんでいる。2005年の人口は230万644人。小規模土地所有が目立ち、失業者が多いので、賃金が安い。彼らは教育程度が低く、経済的繁栄に取り残され、そのため社会政治的意識が低い。また、スカブミはインドネシアにおいて女性労働力の海外進出が一番多い県である。2005年には2万2、248人の女性が外国に出かけた。渡航先は、マレーシア、韓国、ブルネイ、日本、アメリカなどである。

西ジャワ州鉱業エネルギー庁によれば、両郡

表2　2006年チダフ郡，チチュルグ郡取水量トップテン

順位	企業名	取水量（㎥）
1	アクア・ゴールデン・ミシシッピ（株）	2,336,815
2	スカブミ県水道公社（チチュルグ郡）	835,575
3	スカブミ県水道公社（チダフ郡）	543,059
4	アメルタ・インダー・オーツカ（株）	485,087
5	タン・マス（株）	377,179
6	インドラクト（株）	342,376
7	ティルタ・インヴェスタマ（株）（アクア・グループ）	335,558
8	ヤクルト・インドネシア・プルサダ（株）	131,119
9	ジョヨネゴロC−1000（株）	107,828
10	アデス・インドネシア（株）	103,910

出所：「エルスパット」報告書より筆者作成。

の2006年の取水量は614万6,345㎥である。表2から理解できるように、最も大量に取水している会社は、アクア・グループ（アクア・ゴールデン・ミシシッピとティルタ・インヴェスタマ）である。2社の取水量は270万㎥にも達し、全取水量の半分近くに達する。スカブミ県水道公社の取水量を加えると400万㎥にも達し、全体の3分の2がこの2グループで占められている。

社会経済生活への影響

ウォータービジネスの存在は、村びとの日常用水と灌漑用水に大きな影響をおよぼしている。多くの場合、水源が企業によっ

て閉ざされているので、住民が水源から水を直接利用できないとか、あるいは利用が困難となっている。少なくとも12の水源が21の企業で占有されている。6企業は最深地下200mまでボーリングを行い、そこから湧出する深層地下水を利用している。多くの企業が水源に監視小屋を建て、周囲をフェンスで覆うなどして、水源を囲い込んでいる。そこに治安要員を常駐させて、住民を監視している。

このため、住民の井戸の水位が低下している。特に、乾季に1～8mも低下する。住民は抗議行動を行い、新たな井戸を掘る費用を負担してもらうなどの対策が講じられることもあるが、抜本的な解決には至っていない。また多くの場合、住民の抗議は無視されている。さらに住民の抗議に対して、村の「プレマン」(やくざ、チンピラの意味だが、ここでは企業の治安要員を兼ねる)を動員して、「扇動者」を特定し、脅しをかけている。

このほかに、村で利用できる水源の水が必要量を満たしていないことが挙げられる。1つの水源は1つの村だけで利用するものではない。上流の水源は下流の村でも利用される。水源から遠くなるほど、水不足が発生することになる。水利企業の操業により、大きな川の水量が劇的に低下し、そのため下流域の村では灌漑用水の不足をきたしている。

乾季の時には水田の水が不足するようになり、このため、裏作栽培が増加した。あるいは、水田を止めて、畑作に転換する場合も多い。いずれにせよ、パラウィジャ（裏作、畑作で作る作物）さえもよく育たず、その収量が低下した。

水利企業で働く労働者の大部分は村外出身者であり、水利事業が村々の雇用を改善することにつながっていない。企業と村の合意では、大部分の労働者は企業が存在する村出身者を雇用する取り決めであったが、実行されていない。

その理由は「癒着」である。労働者のリクルートに際して、金銭を徴収するという違法行為が公然と行われている。仕事を希望する者は村のプレマンを通じて、企業の幹部職員に50万～300万ルピア（2009年換算額で、55～110米ドル）を支払う。労働者の採用は彼がどこに住んでいるかではなく、こうした不法な金銭の支払いが可能かどうかにかかる。仕事を求める者は、通常会社のある村の上層部に居住証明書を発行してもらう必要があり、彼らとの癒着が生じる。

また、労働者は最低中卒以上の学歴が必要とされているが、村の現実とかけ離れている。村では大部分が小学校卒で、こうした規定は大きなハンディである。

正規労働者の月収は、平均85万ルピアである。契約社員はそれよりもやや低く、日雇い労働者の場合には正規労働者の5分の2の収入である。正規労働者には種々の手当（交通費、食費）のほか、厚生施設（女性労働者のための更衣室、休憩室など）もつくが、非正規労働者にはない。また、多くの企業で非正規労働者の数が正規労働者数よりも多い。彼らは労働法で保障されている権利を与えられていない。

最後に、水田を放棄した世帯の増加が挙げられる。両郡で217㌶の水田が耕作できなくなった。1㌶当たり5tのモミの収穫があり、年2回の収穫ができたので、1年間で30億ルピアの損失を被ったことになる。

企業からの金の行方

州政府に企業から支払われる水利税の不公正な配分の問題がある。2001年西ジャワ州法第6号によって、水利評価が行われ、表層水利用の20％、深層地下水利用の10％に課税されることになっている。2006年、免許のある24社により西ジャワ州に支払われた水利税は、170億2、300万ルピアである。24社中アクア・グループが、125億ルピア（全体の72・2％）の水利税を支払っている。

中央政府と地方政府間の予算配分法により、水利税収入の70％、121億ルピアがスカブミ県政府に入るはずである。問題はスカブミ県の水利税が関連する村落、住民に十分還元されていないことである。２００６年にスカブミ県政府から関連12村に支払われた補助金は、7億2，８５9億ルピア、水利税全体の4・3％にすぎない。

会社の所在する村に支払う「企業寄付金」も問題をはらんでいる。固定資産税・動産税の92・9％はスカブミ県に納入され、「企業寄付金」の村の予算に占める割合は4・5％で非常に小さい。27社すべてが寄付金を支払っているわけではなく、アクア・グループや水道公社などの大口利用者が主に支払っている。

さらに、村民に直接支払われる「寄付」もある。このお金が曲者で、異議を申し立てる住民対策費や、村の水問題を処理する住民代表への支払いなどとして使われている。その他に、村の公的事業や断食月での必要な物資の補助もなされることもある。紛争が表面化しているのは、規模としては「小さな」企業である。大企業との紛争はあまり知られていない。大企業は十分な補償をやっているのか、あるいは怖くて文句が言えないのか。

村の階層化

水利企業が村に存在することで、村の階層構造に変化が生じた。

まず、会社の存在を支持するエリート層の出現がある。こうした人びとや組織は会社の手足となって働く。個人としては村の知識人、隣組長、村長、青年団指導者などが挙げられる。5,000万ルピアの賄賂を受け取り、1年で解職された村長もいた。団体としては村外の民間団体や、合資会社の形態をとる労働者補充機関、BPPKB(バンテン大家族創設会)というプレマン組織がある。このBPPKBは村の水源に関わる治安の維持を担い、アクア社などからの村への補助金の受け皿となっている。それぞれの村に2~3人のプレマンがいて、会社に協力している。

つぎに、村人とエリート層との対立が重要な問題として浮上している。そこには規模は小さいが、KKN(汚職、癒着、身内びいき)の存在がある。チチルッグ郡のある村では村びとが労働者補充組織の指導者に対して怒りをぶつけ、村の各世帯から1人は労働者として採用されることを要求したこともあった。

ジャカルタ市水道公社の民営化

「インドネシア水道公社連合」によると、全インドネシアに293の水道公社があり、そのうちの5社は外国の私企業との合弁事業である。その経営状況は極めて悪い。「82%が赤字を過去経験」している。そうした中、ジャカルタ市水道公社(PAM Jaya、以下

「パムジャヤ」と略称）の分割民営化は、国際水利事業資本がいかに開発独裁体制のインドネシアに食い込んでいったのか、また水道事業のような部門が民営化されることがどのような問題をはらむかを見事に例証している。

１９９４年の調査では、ジャカルタ市の42・6％の世帯しか上水道へアクセスできず、残りの53％の住民は地下水を利用せざるをえなかった。ジャカルタのある地区では70％の住民が地下水を洗濯や洗いものに使っていた。１９９１年に世界銀行はパムジャヤにそのインフラ改善のために９、２００億ドルを提供した。

融資がなされた直後に、２つの巨大水利企業――イギリスのテムズ・ウォーター・オーバーシーズ とフランスのスエズ・ライオネーズ――がジャカルタでの給水事業権をめぐって争った。１９９３年テムズはスハルトの長男シギット・ハルジョジュダントに近づき、スエズはスハルトのクローニーの１人であるアンソニー・サリム（サリム・グループ）に近づいた。テムズとスエズの要請に基づき、95年スハルト大統領は公共事業担当大臣に対してパムジャヤの民営化を命令した。97年２企業は25年間の事業権を獲得した。

ジャカルタ市内のほぼ中央を流れるチリウン川を境に、東側をテムズ社、西側をスエズ社が引き継いだ。スハルト退陣後、インドネシア政府は契約の破棄をいったんは決めたが、

「提訴する」という脅しを両社から受け、いくつかの条件を改定して現在に至っている。パムジャヤの職員と負債は両社が引き継ぎ、パムジャヤは規制監督署として残った。

両社がジャカルタの水道事業を手中に収めてから6年間に二度大きな水道料金の改定が行われ、2003年4月には4、300ルピア／㎥が設定された。11月には再び料金の値上げが要求され、もし要求が容れられなければ契約を破棄すると両社は脅した。「会社は赤字であり、現行料金では過去の投資を補えない」と両社は主張した。当初、両社は5年以内に人口の70％に水道を供給するといっていたが、実現されていない。料金改定は、富裕層の住む地区にはサービスの向上となったが、そうでない地域には負担の増大以外の何物でもなかった。

パムジャヤの民営化に、テムズ社とスエズ社という英仏の二大水利企業が関わっている事実は何も偶然ではない。『世界の〈水〉が支配される』（2004）によれば、スエズ社（仏）、ヴィヴェンディ社（仏）、それにテムズ・ウォーター社（独、英）の三大グローバル水利企業は、15年以内に世界の水道の75％を手中に収めるだろう、と予測されている。こうした巨大資本による水資源の民営化が、全世界で進行している。インドネシアの水をめぐる紛争も、こうした世界大の動きと密接に結びついている。

水を売る，ジャカルタ，ムアラ地区

ジャカルタ貧困地帯の水問題

ムアラ・バル。ジャワ海に面するジャカルタ市の北部。ジャカルタの旧港であるスンダ・クラパ港に面する埋め立て地帯に発達した貧困世帯の集住する一帯だ。過剰な地下水くみ上げによる地盤沈下のため、海水が日常的に道路に溢れてくる。ジャカルタはもともと、湿地帯を埋め立てて造成された都市のため、水位が低く、毎年のように洪水に襲われる。しかし、ムアラ・バルの住民が直面している問題には、もっと複雑な背景があった。

貧困者支援をしているNGO「ラチャ」の紹介で、スンダ・クラパ港の海岸にへばりつくように建てられたマルリナ地区を見る機会があった。「パムジャヤ・スエズライオネーズ」社の水道管が各家庭まで配管されているのだが、腐った臭いのする水しか出ない。生活排水が混入するためか、腐敗臭がひどい。高さ5mほどの堤防の内陸側に、狭い路地が何本も走り、そこに建物が密集している。2階建てのところが多く、1階は応接間と台所、2階は寝室となっている。家具やテレビなどそれなりの調度品が備えられているが、暗く狭い。屋根にはまだアスベストが使われている。

この一帯で水道管の施設があっても、水が来ないのは、3kmの区間に9つの洗車施設が存在するからである。ある人びとが給水管に貯水槽を作り、そこで洗車施設を作り、水を売っている。そうした施設を作るのは、プレマンの親分である。彼らとパムジャヤの癒着、汚職で、「下流の」住民には来るべき水が来ない。自分で井戸を掘っている家庭もあるが、海のすぐそばであるので、塩辛い水しか出ない。それで住民はやむなく、一缶1、500ルピアの水を買っている。平均家庭で、月4～5万ルピア（5ドル前後）を水代に支払っている。もちろん天水を溜めて、水浴や家事用に使う。

私がインタビューしたSさんは、マルリナ地区生活向上委員会の指導者である。彼女の話では、このマルリナ地区に4つのルラハン（都市の最小行政単位）があると言っていたので、人口は4、000人ほどか。

水は来ないのに、パムジャヤ・ライオネーズ社からの請求書は毎月来る。2003年ごろから料金を支払っていないので、科料が加算されて、毎月200万ルピア以上の請求額になっている。どの家庭にも同じ請求書が来るが、どこも払っていないという。ここの水問題を解決するには、給水管に堰を設けて「商売」をしているプレマンを排除しなければならないが、彼らからの暴力が怖くて、誰も声を上げられない。

民営化は成功?

「ジャカルタ・ポスト」紙は2009年5月27日、「水供給の成否は民営化とは無関係」と題する記事を掲載した。この記事は「ウォーター・ダイアローグ」というNGOの調査に基づいているが、見出しが記事の内容と合っていない。記事を詳細に読むと、民営化に疑問を呈している。

「ウォーター・ダイアローグ」では、ボゴールの水道公社とバタム島の民間水道事業会社(ATB)との比較を行っている。両社が同じ程度の規模の住民(75万人)に給水しているからである。

その結果、ATBの受給者は毎年17%も増加しているが、ボゴールの水道公社では7%

の増加率しかない。これは、バタム島ではATBが「唯一」の水道事業者であるのに対して、水の豊富なボゴールでは、地下水の利用など水道公社以外からでも水は容易に得られるからである。結論として、「水道料金では水道公社の方が安くなる傾向があり、水道公社の経営がもっと効率的に行われるならば、民営化する必要はない」と述べられている。民営化に疑問を呈しているのであって、決して、水道事業の成否は「民間事業者でも公社でも同じ」とは言っていない。

スンガイ・カムニャンの闘い

「改革」の要求が、地方でも噴き出した中、西スマトラ州リマプルコタ県パヤクンブー市の重要な水源になっている、スンガイ・カムニャンで住民が実力行使も辞さない行動を始めた。そこにはサゴ山に降った雨がこんこんと湧出する泉、バタン・タビットがある。

1974年に設立されたパヤクンブー市水道公社は、この泉からの取水に際して、家庭用給水以外の取水は行わないこと、また取水にともなう補償を行うことを約束していた。しかし実際には、その補償は一切支払われず、また泉に隣接して娯楽用プールまで建設されるなど、約束はまったく反故にされてきた。

1998年の「改革」に至る期間においても村はパヤクンブー市と水道公社に対して、約束の履行を迫っていたが、ほとんど相手にされなかった。だが、1998年の「改革」の高揚する中、両者の間の緊張関係は一気に高まった。村の若者が、「要求が容れられないならば、バタン・タビットの水路を封鎖する」という実力行使に立ちあがった。

住民の強硬な姿勢に驚いた市は妥協の道を探りだし、ついに売上高の5%をスンガイ・カムニャンに支払うことになった。泉に隣接するプールの水の使用量に対する補償金も支払われるようになった。

リマプルコタ県の人口は31万人(2000年)、パヤクンブー市の人口は10万人(2004年)。パヤクンブー市の水源は、スンガイ・カムニャン以外にもう2カ所ある。市の規模が拡大した結果、1992年に近郊のスンガイ・ダレーからも取水するようになった。しかし、3番目の水源であるシカムルンチンからの取水量は他の2カ所に比べると無視できるぐらい少ない。

スンガイ・ダレーには取水量の10%を支払うことに同意した。同じように、ブキティンギ市に水を供給しているスンガイ・テナンでも、補償を勝ちとった。「闘いのやり方を学びにスンガイ・テナンの住民がやってきた」とスンガイ・カムニャン慣習法会議長のダト

表３　パヤクンブー市水道公社取水量
（2007年12月30日～2008年１月30日）

水　源	取水量（㎥）
バタン・タビット	280,980
シカムルンチン	19,163
スンガイ・ダレーⅠ	194,990
スンガイ・ダレーⅡ	15,300
合　計	510,433

出所：パヤクンブー市水道公社統計。

ック・マゲ・マンクト氏は語った。

表３によると、２００７年12月30日から１カ月間の総取水量51万㎥は、スカブミ県チダフ郡とチチュルグ郡水道公社の年間取水量に匹敵する膨大な水を、わずか１カ月間で取水していることになる。単純に計算すると、１年間で、６１２万㎥の取水量である。それは、先に述べた２００６年スカブミ県チダフ郡とチチリュグ郡の１年間総取水量６１４万㎥と同量である。ただし深層地下水からの汲み上げも含めた、スカブミ県全体の２００７年の総取水量は１，８５８万㎥に達する。

補償金で潤う村の財政

水道公社からの補償は村の財政を潤している。２００１年に従来の「ナガリ」（村）が復活したスンガイ・カムニャンの２００３年の全収入は３億３、０００万ルピア（当時のレートでで４万１、２５０ドル）であるが、その３分の１は水道公社からの補償金が占めている。

スンガイ・カムニャンの闘いはまだ継続している。これですべての問題が解決したわけではなく、74年から78年までの利用料については解決したが、それから98年までの利用料については現在も係争中である。今でも村では当初の約束通りそれを支払え、と市側に要求しているが、村びとも現状にほぼ満足していて、新たな闘争を始めるモチベーションは持ち合わせていない。

自分たちの村内にある水源の管理権をめぐってパヤクンブー市と対峙してきたスンガイ・カムニャンであるが、隣の村であるムンゴの住民に対しては激しい敵意を持っている。歴史的にミナンカバウの村では、隣接する村同士の境界争いがよくあった。現在の行政上はムンゴとの境界はピナゴ川であるが、スンガイ・カムニャンはそれを認めず、ムンゴの共有地権を否定している。

現在ムンゴの住民は、その共有地内につくられた家畜庁の牧場（BPTU、優良家畜飼育局）に占拠された村の共有地権の回復を訴え、農業省と激しく闘っている。スンガイ・カムニャンの住民がその牧場の労働者として雇用されているということもあって、彼らはこの問題では政府寄りである。そればかりか、ピナゴ川の上流部にあるムンゴの共有地へ給水するダムを破壊して水の供給を止めるなど、彼らの姿勢にエゴイスティックな側面があることは事実である。

スンガイ・カムニャンの灌漑

レンスケ・ビーツェフェルトの『個人主義と相互扶助の間、ミナンカバウ村落における社会保障と自然資源』の第6章「灌漑と飲料水への権利」で、スンガイ・カムニャンでの灌漑と水の管理の問題が詳細に検討されている。彼女の見解は、アンブラーの博士論文、『アダットと援助、西スマトラにおける小規模灌漑』に大きく依拠している。アンブラーは、ソロック県のある村でのフィールドワークをベースに議論している。しかしながら、両者ともミナンカバウ高地（ダレック）での調査を元にした結論であり、インド洋に面する海岸平野部の事例は参考にしていない。

ダレックには、火山と火山の間に発達した肥沃な丘陵地が多く、地形的にも大規模な灌漑施設が発達できない。これに対して、スマトラ島を東西に分割するバリサン山脈の西側は、インド洋からの雨雲が雨となって降る世界的にも最多雨地帯で、年間降水量が4，000㎜にも達する。この豊かな水がインド洋に注いでいるため、カパロヒラランの「シチャウン灌漑」のような豊富な水量を誇る広域灌漑施設がみられる。

西スマトラの内陸部高地も年間2,000㎜以上の降水量があり、また、雨季と乾季の降水量の差が相対的に少なく、それゆえ、ジャワやバリのような複雑な灌漑組織はここでは発達しなかった。灌漑組織は他の組織とは独立して存在し、灌漑組織を建設、維持、管理する政治組織は存在していない。スンガイ・カムニャンでは、小さい規模の灌漑組織が多数存在し、多くの田が複数の水源から水を得ている。

水の管理

1970年代に始まった高収量品種米の導入以前は、灌漑は現在よりもより頻繁に行われていた。当時は年1回の耕作であったので、植え付け前の田は乾燥していて、田が鋤起こしできるほど十分に水を含むには相当量の水を田に引く必要があった。それゆえ、水路の清掃や修理にも十分な時間をかける必要があった。高収量品種米の導入で、同時植え付けが行われなくなった理由は、すべての農民に十分な水を一時期に集中的に供給することは不可能であったからだ。

この近代的な耕作法が十全に機能するには、水が安定的に供給される必要があり、乾季には耕作できない。さらに、二期作が行われると、水の消費は単純に2倍以上になり、とりわけ乾季には困難さが増す。同時植え付けが行われないと、水をめぐる紛争が頻発する。人びとは他人がいつ植え付けるかに関心を払う。乾季が長くなると、雨季が来ると同時に植え付ける傾向が高くなるからだ。

灌漑の上流部にある人は下流部にある人よりも水使用の優先順位が高い（上流優位）。しかし水使用の優先順位は同時に誰がその水路を作ったかにも関係する（古田優位）ので、実際の優先順位は複雑である。水路の水の分配については一定の規則があったはずだが、質入れされた田が増えてきたので、一定の規則の存在は認められない。

水利組合

公共事業省は水利農民組合（以下「水利組合」と略称）を組織化しようとしている。水利組合は公共事業省の管轄外の灌漑の維持管理を図ることを目的とした組織であり、農業省も関わっている。水の管理だけではなく、水利組合は新しい農業技術の導入と植え付けの時期のコントロール、それに病虫害対策をも目指している。

水利組合は全インドネシア一円で同じ方式を導入する傾向があり、地元の特性はあまり考慮されておらず、地元農民には人気がない。水利組合は西スマトラにおける灌漑事業で政府の存在を可視化させ、うまくいった水利組合には助成があるということが魅力だろう。しかし多くの水利組合はうまくいっていない。スンガイ・カムニャンにはたった1つの水利組合しかなく、それはまったく機能していない。水のまったくないところで組織化されていて、何の役割も果たしていない。

スンガイ・カムニャン最大の灌漑組織はバタン・タビットであり、4つの村の1、007ヘクタールの水田を潤している。1974年以来、パヤクンブー市水道公社と泉に隣接するプールへの給水事業が行われているので、この灌漑組織の水供給は容易な問題ではない。

乾季になると、水利用のローテーションがなされるが、アンダレーとムンゴは夜しか利用できない。彼らはこの灌漑組織の下流域の利用者であるからだ。

スンガイ・カムニャンのムンゴに対する「優位性」はこのことからもうかがえる。ムンゴの紛争で、主な紛争当事者は、上ムンゴの住民で、彼らの生業は畑作である。これに対して下ムンゴの住民は上ムンゴの闘いに関心がなく、時には敵対的であった。下ムンゴの生業は水田耕作が主で、彼らはスンガイ・カムニャンに水の供給を依存している。ムンゴ紛争の力関係には、こうした水資源をめぐる近隣村間の関係も反映されている。

世界銀行の介入と失敗

アンダラス大学灌漑研究所に所属するヨナリザは、２０００年以降に西スマトラで実施された灌漑管理事業改善政策について報告している。ビーツェフェルトの調査以降、「改革」時代以降の西スマトラでの灌漑事業をみる上で重要な指摘である。この事業は、おもに世界銀行からの融資により、全インドネシアでモデルケースを設定し、灌漑事業の改善を図ろうとしたプロジェクトであった。西スマトラではソロック県とタナ・ダタール県がモデル地区に選ばれた。

ヨナリザによれば、こうした外部資金、政府主導の灌漑事業は完全に「失敗」した。その原因としてまず、地方分権化の流れに反した中央集権的な動きであるため、政策を受け入れる州、県、都市レベルで意思の疎通がうまくいかず、一貫した政策を示せなかったことが挙げられる。つぎに、計画の対象となった灌漑を管理する利用者組合でも、計画の全容がわからず、また農民のイニシアティブを尊重するよりも、上からの指示によって計画を推進する傾向が強かったために、ちぐはぐな結果に終わることになった、という。

パダン・パリアマン県水道公社

州都パダンに近いパダン・パリアマン県（人口37万人、2003年統計）の水道公社の水源の1つが、カパロヒラランである。カパロヒラランの住民はその共有地の返還闘争には大きな関心を払ったが、タンディカット山から流れるピアマン川にあるルブック・ボンタの水源を水道公社が利用していることにはほとんど関心を払っていない（ように思われた）。2005年に開港したミナンカバウ国際空港はこの県内に位置するので、そこで使用する水もここから引いている。

カパロヒラランでは水道公社以外に、3つのミネラルウォーター企業が存在していた。いずれもローカルな会社であるが、1社は倒産し、他の2社が現在操業している。この2社はカパロヒラランの村全体に何らかの寄付をしているが、水道公社は寄付を断った。

パダン・パリアマン県水道公社で、水源のあるコミュニティへの貢献について尋ねたことがある。公社のディレクター氏は、開口一番つぎのように断言した。「水は国家が所有している。われわれは税金を国家に納め、逆にその税金が人びとに還元されているから、水源の住民に何らかの補償をする必要はない」。驚いたことにパダン・パリアマン県水道公社には18の水源があり、カパロヒラランはそのほんの1つの水源であるということか。

実質2カ所の水源しかないパヤクンブー市との違いはこの水源の多さのためなのか。

ここの水道公社でも、水源で取水した水をそのまま家庭に配水している。だが給水の途中で、50%近くは漏水で消えているという。設備の不備、老朽化は目に余る。

各家庭には、基本料金は10m³まで1万3、500ルピアで、その後1m³当たり500ルピアで売る。各家庭では平均2万ルピアほどを使うそうだ。ミネラルウォーターを製造する3社の工業用水としては、1m³当たり5、250ルピアで売っている。以下で述べる製品ブランドSMSのAUP社は、毎月平均5、000m³使っている。水道用として取水した残りを水田の灌漑用に戻しているという。

SMS

カパロヒラランの水源、ルブック・ボンタの大口利用者がアグリミトラ・ウタマ・ペルサダ社（AUP社）、製品ブランド名SMS（「リフレッシュできる飲料水」の略語）である。1980年代末に創業された同社は、2003年ルブック・ボンタの水を利用してSMSを販売し始めた。この地を選んだ理由は、ミネラル分の多い良質の水が得られることであり、またパダンに近いなどの地理的な好条件を備えているためである。創業者のス

SMSミネラルウォーターをホテルに搬入するトラック

ヒント氏は、アンダラス大学工学部の教員をしていたインテリであり、学問からビジネスの世界への転出に成功した稀な人物である。ＡＵＰ社は西スマトラ以外にもリアウ州で生産、販売網を拡大し、従業員総数３００人の中堅企業としての地位を築きつつある。

ＡＵＰ社はカパロヒラランに2つの工場を持っている。2工場のうちの1つは２４０㎖入りの「カップ」専用の工場である。裏の工場では20ℓのガロン、1・5ℓ、６００㎖の容器を作っている。４００人いる工場の従業員も別々の組織に分けられている。仕事は三交代制で、8時間労働。夜勤だと3、０００ルピアの手当がつく。週6日働き、1回の休みが取れる。労働者の30％が女性、70％が男性。多くはカパロヒララン出身者だが、遠くの村から来ている者もいる。２００７年時点で、月平均96万ルピア（１２０ドル）の収入がある。日給が３万２、０００ルピアで、15日ごとに給与が支払われる。この給料は正社員のものである。この額は、スカブミ県の労働者の平均よりもややいい。

水戦争①、「４ナガリフォーラム」の結成

２００８年末、パダン・パリアマン県の県都のパリアマン市が、行政上県と同等レベルである「コタ・マディア」に昇格すると、パリット・マリンタン村が、新しい県都に選ばれた。そして、この新県都に給水するために、ルブック・ボンタからパリット・マリンタンまでの約12㎞の距離に水道管を設置するという計画が、２００９年５月に発表された。

しかし、この計画はルブック・ボンタの水源から灌漑用水を得ている地元住民の大きな反発を招いた。カパロヒラランを筆頭に４つの郡に属する８村の農民から反対の声が上がった。まず、この計画で最も影響を受ける４つの村（ナガリ）の農民が「４ナガリフォーラム」を結成し、反対運動に乗り出した。

２００９年10月、西スマトラ地震（９月30日発生）の３週間後に、反対運動を指導するアベル・タスマン氏にインタビューをすることができた。氏の話では、「住民の60％が水田耕作に従事し、10%が淡水魚の養殖農家。15%が自営業で、残りが給料生活者。だから、水は重要なのだ。」

計画では毎秒500ℓの取水が可能な直径400㎜の水道管が設置される。一般的に水田1㌶につき、毎秒1・2～1・4ℓの水が必要とされている。シチャウン灌漑が給水する2、500㌶に給水するとなると、毎秒3、000～3、750ℓの流量が必要となる。ところが政府の試算では、その3分の1以下の水しか必要とはされていない（毎秒0・952ℓ）。

現在、ルブック・ボンタの水源に2本の水道管がある。1本は、1989年設置されたパダン・パリアマン県水道公社のパイプである。毎秒160ℓの取水能力がある。さらに、1998年、ミネラルウォーター企業へ水を売るために、毎秒200ℓの取水能力のある直径200㎜の水道管が設置された。この上「毎秒500ℓ」の取水が行われると、農民にとっては死活問題となる。

シチャウン灌漑

ルブック・ボンタから灌漑水路が開かれたのは、1880～90年頃だという。現在では4

シチャウン灌漑，取水ダム

つの村の1、470㌶の水田と内陸での養殖農家の池に給水されている。ピアマン川に設置された灌漑施設は、水路を通ってこの4つの村の水田だけではなく、他の4郡、4村の約1、000㌶にも給水されている。合計2、500㌶の水田に給水するこの灌漑施設全体を、シチャウン灌漑と呼ぶ。

シチャウン灌漑の水はすぐに1、470㌶用（A）と1、000㌶用（B）に分岐する。Aへ給水する水は、まず上流部の2つの村の水田を潤すが、他の2村には十分に水がいかない。そこで、途中で堰を設け、昼夜の給水を分けている。午前6時から午後6時までを上流部が利用し、午後6時から翌朝の6時までを下流部が利用する。この協定は2009年4月28日から実

シチャウン灌漑，分岐用水門

施されており、それだけ水不足が深刻になってきたことを示している。

「二〇〇四年水源利用法」によって、水利組合が作られた。水利組合の各成員は、水利用税を負担している。このお金は水路の補修などに使われる。以前は、「トゥオ・バンダ」という職の水路管理人が各村にいて、彼が利水の調整を行っていた。しかし、トゥオ・バンダは現在、政府の非常勤職員として、水利組合の中の一職階となりあまり重要な役割を果たせなくなった。

水戦争②、実力行使

「4ナガリフォーラム」は計画の白紙撤回を求めて、県知事、県議会、水道公社、西スマトラ州知事、西スマトラ州議会、内務省水利局、さらに大統領、国民協議会宛ての意見書を何度も提出した。内務省水利局からは、大統領の意向として現行法に違反することのない計画の遂行を願う、という書簡が県知事に送られた。そうした中、住民の反対意思を表明するためのデモが計画され、関係者に通告された。

2009年7月3日の西スマトラ州の地方紙「シンガラン」は、「水道公社の計画を撤回せよ、農民らがパダン・パリアマン県議会へデモ」と題する記事を掲載している。「シンガラン」紙によると、「7月2日、4つの村の農民数百人がパダン・パリアマン県議会前でデモを行い、パリット・マリンタンへの給水計画を撤回するよう要求した。その計画が実現すると、村の灌漑用水が不足し、農民が苦境に陥る」とのことである。「乾季の今、4村の水田の1,470ヘクタールで水不足が起きている。もしこのまま計画が進めば、さらに数百ヘクタールの水田で水不足が起きる」と彼らは主張した。

にもかかわらず、県知事は4村のナガリ長や村の要職にある人びとと会合を開き、「民衆は計画が推進されることを望んでいる。いろんな噂に流され、安易な行動に出ることは許されない。とりわけ、7月8日の大統領選挙を控えて、社会を不安に陥れるような行動は絶対に許されない」と語った。この知事の発言は相変わらず、社会不安をあおる「扇動者」という時代遅れの言葉で反対運動を抑圧しようとしている。

西スマトラ地震の被害の大きいパダン・パリアマン県タンディカットの被害状況を見に行った帰り、ある食堂で昼食をとった。すると、われわれの前に座っていた7〜8人の県警備隊員のボスが、突然トランシーバーで話し始めた。数分間交わされた会話の中身は衝撃的なものだった。

ルブック・ボンタで数人の村びとが、ポンプを破壊しようとしているとのことで、それにどう対応したらいいかという知らせであった。そこでボスは、「だれか名前のわかる人物はいないか、できれば写真を撮ってほしい」と指示していた。写真を証拠に、警察に突き出し、逮捕してもらおうという算段であった。

数日後、カパロヒラランを訪れこの事実を話すと、村びとが取水用ポンプを引き上げたが、当局によってすぐに修復されたとのことであった。一触即発の危機は迫っている。

2009年10月末現在、パダン・パリアマン県はその計画を変更する意思を表明していない。むしろ、ナガリ長や郡長、ナガリの指導者に対して、計画の続行を表明し、反対勢力の切り崩しを狙っている。住民はこの闘いを、「水戦争」と呼んでいる。

水戦争③、もう一方の当事者

この「水戦争」のもう一方の当事者が、新県都になったパリット・マリンタンの住民である。カパロヒラランの南南東、12㎞。パダン・パリアマン県の中心部に位置するというよりは、むしろソロック県の県境に近い。内装を残す段階にまで完成した新知事舎は、リンボ・カラム（暗い森）という地名の場所にあり、その名前の通り、今なお森の中にある。幹線道路から1・5㎞というが、もっとあるだろう。周りは田んぼだらけで、道は舗装もされていない。稲の収穫後、裏作として西瓜を植えた人たちが、収穫をしていた。

新県都が決定されたのは、2008年末のことである。現在2期目を迎えたムスリム・カシム知事の3選は規定によりない。この知事の母親は、新知事舎の建てられたリンボ・カラムの出身である。彼の妻もこのパリット・マリンタン村の出身である。母系社会においては自分の母や妻の親族関係が重要である。新県都の選定において、知事の個人的な思惑が反映されていなかったとはとても言えない。

当初、パリット・マリンタン村の6人の慣習法指導者たちは全員、新県都が移転してくることには賛成した。しかし、補償額を提示しないまま、「土地の明け渡しだけは先にせよ」と迫る県の姿勢に2人の指導者が反対した。

ところが驚くことに、彼ら2人の慣習法指導者は、ナガリ慣習法会議の決定により、その地位を解かれ、村から追放された。そして村に復帰する条件として、120万ルピア（SMSの労働者の1カ月の賃金の1・5倍）の罰金とヤギ1頭（60～100万ルピア）を村に提供すること、それから、近隣の村人に食事を振る舞うことが必要だと言い渡された。

新知事舎建設で立ち退きを余儀なくされた人びとに、1㎡当たり1、500ルピアという安い補償金しか支払われていない。1、000ヘクタールで1万ドルとなるが、これは個人補償ではなく、その土地を「所有」している母系親族集団に支払われる。こんな安い補償金でも他の村びとが喜んで受け入れる背景には、県の中心になるという将来への期待がある。それほどまでに、新県都の移転がここパリット・マリンタンの住民には「おいしい」話となっている。現在でこそ二束三文の水田が、数年後には大幅に値上がりすることは必定であるからだ。しかし、こうした胸算用をする人びとの脳裏に、水を奪われ、生活を破壊される苦しみを背負う他者への共感はない。

第5章　開発移民、開発ディアスポラ

カパロヒラハン、カパールの紛争において、開発移民（トランスミグラシ）が紛争のキープレーヤーであることはすでにお気づきであろう。本章ではその問題をさらに詳しく述べてみる。西カリマンタンのサンバス県で、改革時代の前後にマドゥラ出身の移民が襲撃され、一部は「首狩り」の対象にされた。このような過剰な暴力はなぜ生まれたのか。先住民、移住者、国家、資本などの複雑な関係を詳細に検討する必要がある。だが、マドゥラ系移民という「敵」を見出した西カリマンタンでは、それ以外の移民は「友人」として受け入れられた。

南スマトラではジャワ人移民は完全に地元に溶け込んでいたが、彼らが取得し、開墾した土地がアブラヤシ開発で奪われ、大きな紛争に発展した。開発移民とはいえ、西ジャワでの土地紛争を想起させる紛争が起きた。ダム建設で移住を余儀なくされた西スマトラのコトパンジャンでの紛争は、ミナンカバウの土地紛争の延長上にとらえると新たな問題点が見えてくる。強制移住を余儀なくされた人びとは、離散を強制された故郷喪失者であり、開発ディアスポラである。すると、アブラヤシ開発で伝統的な土地権を失い、苦境にある多くの人びととの接点が見えてくる。もちろん、他の巨大ダム建設で移住を余儀なくされた人びととの接点も忘れてはならない。

改革時代の闇

1998年5月のスハルト退陣の前後数年間に、インドネシア各地で、凄惨で、不可解な暴力事件が多発した。インドネシアの多くの都市部で、中国人街が襲撃された。「暴徒」は店を破壊し、商品を略奪し、放火した。オランダ時代、植民地支配に協力した中国人に対する反発は、過去いろいろな危機が起こるたびに、彼らに対する暴力的な襲撃として噴出していた。スハルト時代、中国人は二級市民に甘んじてはいたが、経済的な特権を与えられ、政商（タイクーン）として支配層を裏から支えた。こうした日常的なレベルでの反中国人感情が、改革時代に爆発したとするのは単純な結論である。体制転換を望まない勢力が、暗躍した可能性が高い。

東インドネシアのマルク島では、従来平和裏に共存してきたキリスト教徒とイスラーム教徒の間で「宗教紛争」が発生した。事の発端は、ジャカルタでのプレマン（やくざ、チンピラ）の縄張り争いに敗れたイスラーム系のプレマンが、アンボン市でキリスト教系市民への襲撃を開始し、教会を破壊した。このためキリスト教系住民の恐怖と怒りが掻き立てられ、今度はイスラーム系住民の住居とモスクが破壊され、紛争が一気に拡大した。

この紛争の背後には、インドネシア独立時代に、マルクのキリスト教徒が「東マルク共和国」としてインドネシアから独立をしようとした分離運動がある。インドネシア政府・軍がイスラーム系プレマンの暴力に寛大であったのは、そうした分離運動への危機を訴え、体制維持を図ろうとした結果である。もちろん、東チモールやアチェでの「分離」「独立」運動への危機感が後押ししたのは間違いない。

さらに、東ジャワのマラン市を中心として、「ニンジャ」を名乗る謎の集団によって、黒魔術を使ってコミュニティを恐怖に陥れたとの嫌疑で数百人の邪術師が殺害された。インドネシアではコミュニティレベルでの制裁が日常的に行われ、そこには国家法がおよばないことが多い。だが、当時のアブドゥルラフマン・ワヒッド大統領の支持基盤であるイスラーム改革派のNU（ナフダトゥル・ウラマ）に対する謀略との見方もある。

マドゥラ人移民襲撃事件

そうした不気味な事件の中でも、とりわけ「異常さ」が際立ったのが、西カリマンタン州サンバス県で起きたマドゥラ人移民襲撃事件である。西カリマンタンでは、1997年から2001年にかけて、3回にわたる大規模な住民衝突が起きた。

発端はサンバス県のある町で、マドゥラ人若者とダヤック人若者との些細な喧嘩である。96年末、ダヤックの若者2人がマドゥラ人若者にナイフで刺された。幸い軽傷で彼らはすぐに退院したが、町では「ダヤックの若者がマドゥラ人に殺された」との噂が広まり、翌朝には興奮したダヤック住民がマドゥラ人集落の焼き打ちを始めた。そして、サンバス県全体に拡大し、暴徒と化した住民がつぎつぎにマドゥラ人集落を襲撃し始めた。

97年になると、今度はマドゥラ人移民による反撃が始まった。ダヤック人の学校を焼き討ちし、女性を襲撃した。紛争が一気に拡大した。住民は銃や鎌、ナイフで武装し、中には「首狩り」により、首をはねられ、頭部を木々にさらす残虐な手段で殺された者も出始め、インドネシアのみならず、世界中で注目された。最終的には数百人のマドゥラ人移民が殺され、1万5、000人のマドゥラ人移民が難民キャンプに避難し、その大部分は故郷のマドゥラ島に帰還した。

ダヤックをめぐる政治経済状況

この事件に関してはすでにいくつかの研究が出ているが、まず、森下明子氏の見解を検討してみよう。

ダヤックとはカリマンタン（ボルネオ島のインドネシア領）に住むプロト・マレー系先住民の総称である。広大な熱帯雨林の中で、焼畑陸稲栽培と狩猟漁猟による生活を営んできた。広大な面積の中に、人口が1、240万人余り、人口密度は1㎢当たり23人で、人口密度が1、000人に近いジャワ島に比べると、極めて人口が希薄な地域である。オランダ植民地時代にキリスト教化し、都市部に住み始めた彼らの子孫が、その後のダヤック人エリート層を形成した。

カリマンタンは森林資源や、石油、天然ガス、石炭、金などの資源が豊富で、スハルト時代に大規模な開発政策の対象とされた。広大な熱帯雨林に伐採権が設定され、伐採後は、産業造林か、アブラヤシなどの大規模農園が開かれた。また、豊富な天然資源の開発も積極的に行われた。こうした開発は中国人の政商と軍が協力して行われることが多かった。さらに1970年代からは、人口の稠密なジャワやマドゥラ島から、多数の開発移民（トランスミグラシ）がやってきて、ダヤック人のコミュニティの近辺に異なった民族集団のコミュニティが形成されていった。

しかしながら、大多数のダヤック人はこうした開発政策の恩恵にあずかれなかった。カリマンタンの森林面積は１９８５年に４、０００万㌶（カリマンタンの総面積の75%）であったが、１９９７年には３、１５０万㌶（60%）にまで減少した。こうした急激な森林の減少は、ダヤック人の生業に甚大な影響を与えた。しかも、彼らの土地は国家の都合で国有林に指定され、伐採の対象になり、その後事業権が発給されて、各種の企業が活動を行うようになった。その結果、ダヤック人の焼畑用休閑地が狭くなり、それが土地の過剰な利用につながり、彼らの生存基盤は完全に破綻した。

さらに彼らはスハルト時代に政治的にも疎外された。スカルノ時代に力を持っていたキリスト教徒のダヤック人エリート層は、スハルトの時代になると、追放され、地方行政の主要なポストは、中央官庁の出向者、軍、あるいはムスリム系住民にとって代わられた。１９９０年代に入ると、国家はダヤックエリート層の取りこみを画策し、ダヤック人知事が誕生し、ダヤック慣習法会議も復活したが、それだけでダヤック人の不満を抑えることは不可能であった。

こうした中、１９９９年西カリマンタンで二度目の衝突が起き、さらに中カリマンタンでも2000~01年にかけて三度目の衝突が起きた。しかし、紛争後、ダヤック系エリート層に並ぶ政治的な力を獲得したマレー系住民は、ダヤック系エリート層と妥協し、紛争の拡大による損失を最小にすべく努めた結果、その後の衝突は起きていない。

マドゥラ人移民襲撃の謎

森下氏は、この問題についてつぎのように述べている。多くのマドゥラ人移民は、内陸部では農業や、プランテーションの労働者、道路建設などに従事し、都市部では運転手、ベチャ（輪タク）引き、建設作業員などの下層労働者として働いていた。彼らはその職業柄、「粗暴で短気」というステレオタイプで語られることが多かった。さらに、多くの開発移民の中で、ダヤック人住民と直接接触する機会が多く、ダヤック人にとって最も身近に感じられる「侵入者」であった。こうした連鎖の結果、ダヤック人の怒りがマドゥラ人移民に直接向けられた。

だがナンシー・ペルーソは、改革時代のマドゥラ人移民襲撃事件と、1960年代末の中国人襲撃事件との類似性を指摘する。

1967~68年、西カリマンタンのサンバス県で、何万人もの中国人がダヤック人に襲撃され、その地を追われた。数多くの開発移民の中で、マドゥラ人移民だけがダヤック人による襲撃の対象になったのは、1967〜68年、この地区で起きた中国人を襲撃した事件と構造的な同一性があったからである。

1960年代初期のスカルノの対外政策は、1962年イリアン問題でオランダと対決し、1963年マレーシア結成でマレーシアとの対決姿勢が目立った。そして1965年の政変を迎えた。65年10月から66年3月までの間に共産主義者と目された多数の中国人が殺された。1960年代末には、マレーシア領サラワク州と国境を接している西カリマンタンには、難を逃れた多数の中国人が山中に隠れていたという。

インドネシアの独立とは、オランダ時代「原住民」(インランデル)と呼ばれていた人びとが、政治の中心に躍り出ることを意味した。「プリブミ」(土地の子)と呼ばれた彼らは、中国人などを「ノンプリブミ」と呼び、政治の中心から疎外した。しかし、「プリブミ」の中にも差別意識が目立った。特に、ダヤックと呼ばれた人びとは、「部族」(tribes-men)とみなされ、一段低い存在として侮蔑の対象であった。ダヤックの「部族性」を最も端的に表象するものが、「首狩り族」というイメージである。ダヤックの原始性と暴力性のイメージは、開発の時代にこそそのシンボルとして受け入れられていった。1960

年代末の中国人襲撃は、軍がダヤックのイメージを最大限に利用した結果である。

1990年代末の事件では、数多くのダヤック人が、「伝統的な」首狩りの儀礼を行った。彼らにとって戦闘の開始を意味する、（鶏の）血のついた赤い茶碗を回し、先祖の霊と交流し、敵の心臓をえぐる象徴的な行為を行った。また中には、伝統的な護符を身につけ、呪文を唱える者もいた。マドゥラ人移民は政府の移民政策にしたがって移民してきたものではなく、60年代末に自発的に移民してきた人びとであった。多くのマドゥラ人は排斥された中国人の跡を埋めるような形で西カリマンタンに移住してきた。彼らは中国人が残していった水田を購入し、商店経営や、バスやベチャなどの交通産業へ進出した。

国境、領土、国民

1967年の7月から10月の間、サラワク国境に近いダヤック人は恐怖に震えあがった。「盗賊団」と呼ばれた武装集団が山中を彷徨し、盗み、放火、住民への暴力を繰り返しているというのだ。一説によれば、「サラワク人民ゲリラ部隊」（PGRS）が12人のダヤック人を殺したという。10月、前西カリマンタン州知事は地元の有力者と軍の協力を得て、戦闘開始を意味する赤い茶碗を回すことを提案した。すると、赤い鉢巻を巻き、手製の武器で武装した若者が、中国人排斥の先頭に立って動き始めた。68年にかけて、5万～11万人の中国人が財産を捨てて、西カリマンタンから退去した。

同時期に、軍は共産党の残党「掃討作戦」を展開中で、PGRSは共産党の残党であり、西カリマンタンの中国人はそうした魚に水を提供する不埒者とされた。当時の中国人の中にはまだ下層階級に属す者も多数いた。西カリマンタンの中国人人口は全体の11％を占め、全国平均の3％を大きく上回る。中国人は土地所有ができなかったので、彼らは長期の賃貸契約を結び、水田やゴム園の経営を行っていた。

ペルーソの見解では、西カリマンタンにおける60年末と90年末の中国人とマドゥラ人襲撃事件は、国境、領土、国民という観点から理解されるべきだという。60年代末には対マレーシア対決姿勢がまだ明瞭にみられ、国境は固く閉ざされていた。また、中国人は共産主義者であるとのレッテルが容易に貼られ、彼らを叩くことで、国民意識はいやが上にも高まった。

90年代末に襲撃されたマドゥラ人は、60年代末の中国人に与えられたスティグマの再生であった。ジャワ人やスンダ人など他の移民集団が何万人と住んでいながら、彼らは安泰であった。その理由は、軍の表立った協力なしに、首狩りという「伝統」が呼び起こされ、暴力の対象が明示された。その暴力の対象が、「粗暴で短気」なマドゥラ人であったことは、意図的に操作された、民族表象が60年代末の中国人と重なったからである。

バタック人移民労働者

ここまで述べてくると、ウタミ・デウィ氏が報告した、西カリマンタンにおける政府系アブラヤシ農園で、なぜバタック人移民労働者が周辺のダヤック人に「友人」として受け入れられているかが理解できる。

西カリマンタン州ランダック県に国営第13農園がアブラヤシ栽培を始めたのは、１９７０年代半ばのことである。１９８５年農業大臣令６６８号は、中核農園とプラスマ農園の関係をつぎのように規定している。政府系であれ、民間であれ、中核農園は資本を提供し、参加農家から土地の提供を受け、技術移転、経営、マーケティングを行い、開発の中核を占める。だが、平均７㌶の土地を提供した参加農家は、２㌶の土地と１㌶の家屋敷を与えられたが、農薬などの支払いで中核企業の支配を受け、従属していった。中核農園は農民組合を結成し、そこが生産の基礎になった。その労働者に多数のバタック人移民が雇用されている。

周辺ダヤック人小規模農民（プラスマ）の生産性は低く、時に中核農園のアブラヤシを盗み、そこの土地で商売を始め、焼畑耕作を行う者もいた。中核農園のバタック人労働者は、日ごろこうした不法行為を目撃しているはずだが、会社に報告する者は皆無だという。彼らはダヤック人農民が「収穫」したFFBをトラックで搬送する現場に立ち会ったとしても、何も言わないとか。ウタミ氏によれば、ダヤック人はバタック人を、「友人」と呼び、信頼しているという。

ランダック県ではマドゥラ出身移民への襲撃は報告されていないが、ダヤック人にとって、彼らの敵はすべてマドゥラ人で表象されていて、北スマトラ出身のバタック人に対して敵対する必要はなかった。逆にバタック人が周辺のダヤック人を同じように「友人」として理解しているかどうかはわからない。

南スマトラでの土地紛争

エリザベス・コリンズの『裏切られたインドネシア――開発はいかにして失敗したか』は、南スマトラ州（州都パレンバン）の山岳部での先住民、ジャワ人移民に関連する土地紛争を詳細に描いている。そこではマルガと呼ばれる氏族で構成される村が、慣習法と伝統的な土地権を管理していた。

だがカリマンタンと同じく、人口の希薄な土地で、開発移民政策でジャワなどからの移民を受け入れた。ミナンカバウと同じく、土地の個人所有はほとんど存在せず、用益権しか認められていなかった。土地利用が終われば、その土地はコミュニティに返還されるべきものであった。

南スマトラでは、アブラヤシ開発だけではなく、産業造林、マングローブ林を伐採してのエビの養殖事業など、種々の開発プロジェクトにより、多様な紛争が頻発した。しかし、ジャワ人移民が土地の先住民に受け入れられ、土地を与えられ、その土地を守る闘いを繰り広げた、という意味で、西ジャワの土地紛争に近い状況が出現した。

南スマトラのパレンバンには古代にスリィヴィジャヤ王国の首都があった。コトパンジャン・ダム建設で水没の危機に見舞われたムアラ・タスク寺院はその勢力を偲ばせる仏教遺跡である。その後パレンバンの支配者はイスラーム化し、山岳部の住民もイスラーム化した。「9つの川の土地」と呼ばれる山岳部には、固有の言語を話すいくつかの種族がマルガと呼ばれる氏族を中心とする政治組織を形成し、緩やかな政治的同盟関係を結んでいた。こうした種族の存在は、アチェやバタック、あるいはミナンカバウといった大規模な土地を占有している人びとの居住していた地域と南スマトラを区別する指標であった。

オランダ支配が強化され、パレンバン周辺の石油資源の開発が急速に進むと、人びとの民族意識は高まった。また共産党の勢力も強くなった。日本軍落下傘部隊がパレンバンに降下したのは、1942年2月のことであった。45年日本軍が降伏した後、日本軍の下で軍事訓練を受けた若者が対オランダ独立戦争ゲリラ部隊の中心となったのは、他の地域と同じである。だが、独立後のインドネシア共和国も、南スマトラの資源開発においては、植民地時代と変わらないことがわかってきた。1965年の政変では、共産党の強かったこの地域は大きな変動に見舞われた。スハルト時代に入ってからは、さらなる開発の波が押し寄せ、人びとの生活は翻弄された。

ジャワ人移民の土地権

ウォノレジョ村の村びとと外国人所有のMMM社（PT Multrada Multi Maju）との紛争は、南スマトラで起きた土地紛争の中でも典型的なものである。ウォノレジョ村は1970年代、ランポン州のジャワ人開発移民が定住してできた村である。人口密度の低いこの地の先住民はこうしたジャワ人移民を歓迎し、マルガの長は彼らに農地を与えることにした。

移住者はジャングルを伐採して、ゴム園やコーヒー園を開き、その他にわずかな水田も開墾した。移住者は豊かにはなれなかったが、１９９３年ＭＭＭ社がアブラヤシ開発の計画を発表するまでは、年々生活は良くなっていった。

ウォノレジョ村のゴム園や水田は、ＭＭＭ社の１万５、０００㌶の中に含まれた。そうした広大な土地を取得する際、この村でも、村長、郡長、県知事、州知事、そして森林省とそれぞれの行政レベルで賄賂が手渡され、開発許可が認可された。

１㌶に付き５００本のゴムの木と、３～４㌶の土地があれば、この地で十分生活できた。しかし、ジャワ人移民は植栽のある土地の補償金として１㌶当たり３～12ドルをもらっただけで、会社が１万５、０００㌶の土地を得るのに実際いくらを支出したか農民はだれも知らない。

そこでウォノレジョ村を含む５つの村はパレンバンＬＢＨ（法律擁護協会）に相談し、「農民の繁栄と団結組合」を組織し、ウォノレジョ村のＳ氏を議長に選んだ。Ｓ氏は18歳の時にジャワ島から移住してきて、油田の労働者として働いた。Ｓ氏は共産党系労働組合に参加したため、１９６５年の政変時に、Ｃ級受刑者とされ、７カ月間投獄された。釈放後Ｓ氏は定職にはありつけず、賃労働者として働いた。しかし、１９８２年、ウォノレジョ村で数ヘクタールの土地を取得でき、その後10年間家族と一緒に森を開いて、水田とコーヒー園４・５ヘクタールを開墾した。夢にまでみた「自立した農民」になれた、と思えた瞬間であった。

ＬＢＨの調査で、ＭＭＭ社の土地取得は違法であることがわかった。プランテーション用の用地は「非生産林」であることが必要であったのだが、Ｓ氏の土地のような生産林も含まれていた。また、土地取得の際農民を脅迫し、行政もＭＭＭ社に付いた。

紛争は１９９７年、あの大規模山火事の年にふたたび起きた。ランドクリアリングのために付けた火が制御不能になり、村のゴム園、コーヒー園やドリアンの木などを焼いてしまった。ＭＭＭ社は天災であることを理由に責任を取ろうとしなかったために、97年8月、村の代表がＭＭＭ社に行き、会社の責任者との面会を強く求めた。会社の幹部が会おうとはしなかったため、苛立った人びとは農薬の倉庫に火を付けた。翌週29人のウォノレジョ村の住民が放火の容疑で逮捕された。

その年の12月、Ｓ氏は当時の南スマトラ州知事に面会し、事態の解決を訴えたが、何も起きなかった。そればかりか、98年1月には、Ｓ氏と14人の村びとが放火事件の責任者として訴追された。そのため、Ｓ氏らはジャカルタに行き、ヒューマン・ライツ・ウォッチ委員会に救済を訴えた。改革が迫っていて、委員会はウォノレジョ村の事件を調査すると約束したが、何も起きなかった。ジャカルタで国会が占拠され、スハルト辞任が迫ると、パレンバン市の学生が農民との連帯と農地改革の必要性を掲げてデモを行った。スハルト辞任の数日後に、判決が下ったが、中央の動きはまったく影響を与えなかった。S氏は1年の禁固、他の村びとは半年の禁固を言い渡された。

S氏は改革時代に入ってからも、二度逮捕され、有罪判決を受けた。ウォノレジョ村の人びとは、会社と行政が提示する補償金の増額による解決には応じず、あくまでも彼らの土地の返還を訴え続けた。最終的に、会社はプレマンを雇い、反対派住民への激しい暴力で応じるようになった。99年11月、MMM社の幹部の家と建物、倉庫が燃えた。マスコミは、「住民がアモックに陥った」と非難したが、住民は放火の容疑を強く否定した。会社の治安要員による放火の可能性が高い。誰もその放火事件では責任を追及されなかったが、住民への周囲の目は確実に厳しくなっていった。

これを機に、時の州知事は、MMM社の土地を、「インティープラスマ」として周辺住民に分与する解決案を示した。しかし、住民の土地権を証明する書類は、S氏が2回目に逮捕された時に、すべて警察に持ち去られた。S氏は三度目の逮捕の後、激しく殴打され、意識を失った。S氏の闘いは全国紙でも取り上げられ、正義を求める闘いの闘士として有名になったが、その後心臓発作で倒れた。

移民労働者と傭兵

ウォノレジョ村のジャワ人のような周辺の先住民に完全に受け入れられ、中央政府による開発の犠牲者として、周辺の先住民との連帯感で結ばれた存在は例外的とみなしていいのではないだろうか。西カリマンタンのマドゥラ人や中国人のように、国家の統合に害をなす存在で、抹殺すべし、とのイメージ操作を受けた事例も極端ではあるが、多くの開発移民は何らかの形で、移住先の住民とトラブルを起こしている。

西スマトラのカパールでも、1980年代に、灌漑用水を整備して、開発移民を受け入れる計画があった。しかし、灌漑用水の整備による新田開発は頓挫し、かわりに1990年アブラヤシ開発計画が受け入れられた。それ以降の村での出来事は、第3章に詳述した。カパールでも新田開発計画がうまくいったならば、おそらく多数の移民が移住してきたであろう。その代わりに、アブラヤシ開発計画が進み、右で記したような紛争が起きた。

実際、ウィルマル・グループの子会社のPHP社が2、600㌶の土地で操業を開始した。PHP社はササック村からさらに800㌶を提供してもらう予定である。PHP社の

アブラヤシ果房の収穫。まだ若い木で，20メートル以上になると枯死させられる

規模は大きくはないが、周辺にはウィルマル・グループの農園が多数存在し、合わせると1万ヘクタールを超える巨大な農園になる。

カパール紛争の少数派、トゥナス・メカールのメンバーは、PHP社や、警察、それに多数派を批判しているだけではなく、ジャワや北スマトラ、あるいはニアス島から来た「外来者」に対しても批判の矛先を向けている。彼らは会社がアブラヤシ開発用に提供された土地を「50：50」の配分比で分配しないことに不満を募らせているだけではなく、会社が中核農園の労働者として外来者だけしか雇用しないことにも、「公正ではない」、と怒っている。それは、「外来者ではなく、自分たちを雇ってほしい」というメッセージでは

アブラヤシ農園で除草作業をするジャワ人女性労働者

ない。そうした移民の存在により、彼らの地位が著しく疎外されていることに苛立っているのだ。

会社の観点からすると、カパールにルーツを持っていない移民は理想的である。彼らは土地がなく、必死に雇用の機会を求めていて、会社の治安部門の仕事でも会社に忠実に仕事をする。

カパロヒララの場合、タロ支村はPRRI（インドネシア共和国革命政府）の反乱以後、ジャワ人移民がタンディカット・ゴム農園の労働者として移民してきた。現在2、400人のタロの住民の3分の1はジャワ人移民かその子孫である。ミナンカバウ系住民との通婚も進んでいて、カパロヒラランでは異質なコミュニティである。彼らは農園の土地はすでに国有地であると主張し、慣習法会議を先頭にした闘争には一貫して参加せず、最終的には「独立」して新村を作る、という主張を唱えたほどであった。

植民地時代、オランダ東インド軍（KNIL）が治安維持に当たった。1936年の統計によると、3万3、000人の部隊の71％が「インランデル」（誤解を恐れずにいえば、原住民）出身者である。問題なのは、その内訳で、4、000人のアンボン人と5、000人のマナド人がいた。それに1万3、000人のジャワ人。あと、バタック人も目立った。アンボン人、マナド人、バタック人に共通するのは、キリスト教徒ということである。ジャワ人が多いが、その人口数とイスラームであること、また植民地の中心部に位置していることを考えると、外島出身者でキリスト教徒の数が際立っている。彼らを傭兵と呼ぶことは間違っていない。

移民労働者と傭兵は構造上きわめて類似している。組織への忠実さと、仕事へのプロ意識。軍や警察の存在は、移民労働者を保護する役割も担っている。

2004年法律第18号第20条で、つぎのように規定されている。「農園ビジネスを行う者は、その業務の安全を図るために治安部門関係者と協調して行わないとならない。また彼らは周辺コミュニティへ協力を仰ぐことができる」。この法律でいう「周辺コミュニティ」というのは、カパールの多数派農民組合員のような企業に協力的な人びとだけではなく、移民を当然含むであろう。

また、地元の「プレマン」も含まれる可能性が高い。スカブミのウォータービジネスでは、「プレマン」がＢＰＰＫＢ（バンテン大家族創設会）という公然たる組織を作り、労働者の採用、補充の際の上前をはねている。

土地権とオンビリン炭鉱

資源国インドネシアにおいて、植民地時代から始まった西スマトラでの石炭開発はそのコミュニティに甚大な影響を与えた。まず、石炭の埋蔵する土地がミナンカバウの複数の村にまたがる共有地にあったこと、それから、炭鉱労働者としてジャワ人、スンダ人、バタック人など多数の移住者――それも極端に男性に偏った構成――が、同質性の高いミナンカバウの村落社会に居住するようになったこと、さらに、改革時代に入って資源管理が州や県レベルの判断で行うことができるようになったことなどが、本書にとっては重要である。西スマトラ出身の歴史家エルウィザ・エルマン氏（インドネシア科学院研究員）の研究を中心に見てみよう。

1867年、現在の行政区でいう西スマトラ州サワルント・シジュンジュン県のオンビリン地区で石炭が発見された。1892年に植民地政府による採炭事業が始まり、94年にはサワルントの町とパダン外港のテルック・バユール港との間が鉄道で結ばれ、本格的な炭鉱事業が開始された。以来、土地への補償問題、会社の土地と共有地との境界問題は、オランダ植民地係官が解決を迫られた問題となった。それは植民地時代のみならず、独立後でも満足のいく解決法を示せなかった。

オランダ政府は非耕作地をナガリの財産とはみなさず、共有地権を認めなかった。オランダは、慣習法上の税（uang adat）を完全に誤解していた。オランダ政府の理解では、「ブンガ・カユ」とは森の生産物の総量に適用された村内の税である。毎年総生産額の10％に課税されていた。だが、オンビリンとその周辺の村では、「ブンガ・カユ」と「ブンガ・タナー」には区別があり、「ブンガ・タナー」とはナガリ内の鉱物開発に課せられたもので、生産総額の7・5％になった。オランダ政府はこうした違いをまったく理解せず、ナガリへの補償金の中にすべて入れてしまった。

オランダ政府からの補償金は、たった一度支払われただけであった。西スマトラの複雑な事情を考慮せず、政府は関連するリネッジのすべてのメンバーと協議せず、ナガリ長やプンフールーなどの慣習法指導者とだけ協議した。だから、炭鉱の操業以来、村びとの敵意は増幅し、今日に至っている。そうした敵意は「違法採炭」という形で表現される。

1900年から1915年にオンビリン炭鉱は拡大された。炭鉱を囲む村では非耕作地への補償を求めたが、水田への補償しかもらえなかった。

農民の政治的意識と、1926～27年の共産党蜂起との間には相互に深く関連している。この地区の平均収入は西スマトラで一番悪かった。

独立後、インドネシア政府はスカルノ時代もスハルト時代も、植民地政府の行ったことに倣った。1945年憲法第33条および1967年の鉱山法を根拠として、インドネシア政府は「国家が鉱物資源を所有し管理する」という見解をとっている。地元の慣習法は窮地に追い詰められた。地元住民の雇用は限定的でかつ低レベルのものであり、石炭会社は地元住民を疎外した。

スハルト後の時代でも国営石炭公社（PTBA－UPO）の対応は期待外れのものだった。植民地時代を通じて炭鉱会社は国家の中の国家であり、中央政府の力を利用してその支配力を強めた。1958～60年のPRRIの反乱で、多くの地元の指導者や住民がジャカルタから来た軍に殺された。

改革時代のオンビリン炭鉱

スハルト時代には周辺住民の不満を述べることは不可能に近かった。新秩序政府の暴力を恐れて、地元住民は沈黙を守った。公然とした反乱はなかったが、屋台、市場、モスクなどでの隠れた抵抗は続いた。新秩序時代末期に村のインフラ整備が約束されたが、ほとんど実現しなかった。

1997年からの経済危機は地方自治の必要性を認識させた。地元での動きは1999年3月バンドンで開かれた慣習社会同盟会議（「アマン」、第2章参照）と不可分の連動を見せている。この会議はスハルト時代に政府に不当に奪われたさまざまな権利の回復を議論した。

サワルント・シンジュンジュンでは、改革時代に突入してすぐに「サワルント覚醒者運動」が結成され、失われた権利の回復に立ちあがった。国営石炭公社は適正な価格の補償を支払わざるをえなくなり、また村の共有地や会社の未使用地での民衆による採炭を許可せざるをえなくなった。その結果、会社は地下に坑道を掘って採炭することにした。

このことは住民にとって一定程度の成功と思われるが、表面的なものである。今や20世紀初頭に起きた問題と同じことがふたたび生じている。オンビリン炭鉱が存在するクバン、タラウィ、ブキット・ブアル、などの村々間、あるいは村々の慣習法指導者間で土地の所有権と境界争いが生じている。

スハルト時代にも「違法採炭」が確かに存在した。それは会社以外の者がひそかに石炭を掘り、闇市場に出すことであった。違法採炭は植民地時代以来の歴史があるが、ポストスハルト時代に急速に拡大した。ポストスハルト時代になると、「違法採炭」の定義が困難になった。「許可のない採炭」「民衆採炭」などという言葉で呼ばれているが、合法、非合法の線引きは極めて難しくなった。また、この呼称の変化はNGO運動の高揚と相まって、市民社会運動と連動している。

現在オンビリンでは、国営石炭公社と、1984年事業権を獲得したAIC社（PT Allied Indo Coal）が操業を行っているが、「違法採炭業者」と多くのトラブルを抱えている。

2001年の地方自治施行以来、西スマトラ州知事がミナン・マリンド社に採掘権を与えたが、その決定は地方自治の精神がいかにもろいものであるかを如実に示している。

2001年地方自治法施行後わずか5カ月後に、西スマトラ州知事はマリンド社に採掘権を発行した。彼と彼の息子もその会社に関連している。許可が下りてわずか1週間後にマリンド社は、パダンセメントに納品する契約を結んだ。これにより、従来パダンセメントと独占的な契約を結んでいた石炭公社は契約を妨害され、両社に関連する人員の間で対立が深まった。

また知事は地元のサワルントや関連する村々とは何も協議していない。また、マリンド社が何らかの採炭事業をやっているという証拠もない。実際には、マリンド社は「違法採炭業者」から相場よりも高い値段で買い取り、それをパダンセメント社に卸している。問題は、中央政府の法と州知事の発行する許可との間でどちらが「力が強いか」である。地元の住民はその争いに巻き込まれ、翻弄されている。

炭鉱労働者

炭鉱労働者は炭鉱の近隣の住民だけではない。西スマトラの他の県から来た者もいれば、ジャンビやジャカルタ周辺から来た者もいる。彼らは職を失った人びとで、ここに金を稼ぎにやってきた。民族的には、ミナンカバウ人、ジャワ人、スンダ人、マドゥラ人などが多い。彼らのほとんどは若く、ミナンカバウ人でない場合、ジャワやマドゥラ島から植民地時代に契約労働者としてきた人びとの子孫である。

鉱山労働者はいくつかのグループに分けられ、それぞれのグループの長は肉体の頑健な者がなる。彼らの上に採炭長がいて、多くは地元のプレマン（やくざ、チンピラ）である。採炭長は炭田の所在する共有地を「所有」している場合もあるが、そうでない場合もある。自分の共有地から石炭を掘る場合と、共有地の「所有者」（正確にはその慣習法指導者）と契約して掘る場合がある。彼らは「チュコン」（元締め）の手助けをする。チュコンは域外からやってきた人物で、ビジネスマン（多くは中国人）や官僚、軍警察関係者などである。彼らは採炭に必要なあらゆるものを準備する。

掘られた石炭はパダンに運ばれ、マレーシアなどに輸出される場合と、パダンセメントの燃料として消費される場合がある。チュコンは石炭1tを4万5、000ルピアで買い、パダンセメントに10万5、000ルピアで売る。これは石炭公社AIC社が卸す値段よりはかなり安く、そこで争いが絶えない。

他の仕事に比べると、違法で石炭採掘を行う労働者の給料は高いが、リスクがある。危険な場所での採炭上の事故とか、お互いのけんかなどでけがをする、命を失う場合が多い。いまだに荒くれ者、一旗組が幅を利かす職場である。

エルウィザ・エルマン女史の報告は、アン・ストーラーの分析した北スマトラのデリ・

コトパンジャン・ダム裁判判決後，原告と協議する支援する会メンバー（左端）

プランテーション地帯にできたジャワ人労働者のコミュニティのことを想起させる。違いは最大50万人にも達したデリのジャワ人の集落と、オンビリン炭鉱での民族構成の複雑さである。

土地権とコトパンジャン・ダム紛争

２００９年９月10日、コトパンジャン・ダム訴訟の原告に対して、敗訴の判決が東京地裁で言い渡された。２００２年の提訴以来９年越しの判決であったが、ダム建設を援助した日本政府の責任を追及した原告にはあまりにも重い判決であった。

コトパンジャン・ダムは西スマトラ州の内陸平野を越えて、バリサン山脈をまたぎ、リ

コトパンジャン・ダム

アウ州の泥炭湿地帯に至る途中の山間部に造られた。マラッカ海峡にそそぐカンパルカナン川とマハット川の合流地点である。1979年に建設計画が始まり、1996年に完成した。日本のJBIC（国際協力銀行）の資金が使われ、フィージビリティ調査はJICA（国際協力機構）の資金援助の下、東電設計（株）が行った。ダム本体の工事は日本の間組などが受注し、道路工事などはインドネシア側の建設業者が行った。このダムで発電される電気は、すべて国営電力公社が独占利用している。

コトパンジャン地区は現在の行政区画ではリアウ州と西スマトラ州に分断されているが、民族的にはミナンカバウ人である。独立直後には、スマトラ全体が1つのスマトラ州を構成するだけであったが、それが北、中、南の3州に分割されると、西スマトラ、リアウ、ジャンビは中スマトラ州を構成した。ところが、1957年、中スマトラ州がさらに三分割され、現在の行政区画ができた。

鷲見一夫氏によると、ダム建設で移住を余儀なくされた村は、リアウ州で8村、西スマトラ州で6村の計14村である。この村は1979年村落法でできた行政村（デサ）のことで、もともとは、2つのナガリ（母系慣習法村）に分かれていた。ダムと発電所周辺のコトパンジャン地区のナガリ・タンジュン・パウアーと西スマトラ州側のナガリ・タンジュン・バリックである。基本的にナガリの境界と行政上の境界は一致しないことが多い。アダット（慣習法）の観点からはそれはあまり問題ではないのだが、行政上の観点からは困ったことが起こる。

西スマトラでは1999年の地方自治法により、2001年から従来のナガリが国家の最底辺の行政組織として復活した。しかし、リアウ州ではそのようなことはなく、スハルト時代からの行政村（デサ）がそのまま存続している。これは、コトパンジャン問題を統一的に議論する組織的な連帯性を大幅に減退させている。

ダムができる以前には、2つのナガリが1つの運命共同体を共有することはなかった。

川に近い人びとは、川での漁業で生計を立てることが多く、そうでない場合には、共有地でのゴム栽培が主な収入源であった。土地の個人所有はなく、家屋と家屋敷、水田は、祖母―母―子供の3世代からなる最小リネッジ（パルイック〔腹〕と呼ばれる）が「所有」していたが、ゴム園のような広大な土地は、最大リネッジ（カウム）あるいは、氏族（スク）、あるいはナガリ全体の共有地であった。それぞれの集団の帰属に応じて、利用できる土地が決められていた。いろいろな文献からすると、この地区では氏族の管理する共有地が多かったようだ。

だがそうした総有制の土地は、近代法の下では非常にもろい側面がある。インドネシアの国家法の規定する土地登記がなされていないので、少数者の意思で簡単に土地の権利関係が変わってしまう。それは、第3章で述べたアブラヤシ開発の事例が教えてくれている。コトパンジャン・ダム建設でも、同様な手法が用いられた。一部の慣習法指導者が当局の圧力と札束の前に屈服すると、それが全共有地の売却の約束とされた。それでも納得せず、移住に同意しない住民に対しては、軍が派遣され、脅迫を行い、無理やりに移転を承諾させた。

住民の中には、移住後、リアウ州のアブラヤシ農園のプラスマ農民として生きていく決意をした者もいた。2ヘクタールの土地を買い、設定されたローンをFFB生産の価格から差し引かれていくというやり方である。だが、無主地と思われていた土地には、所有権を主張する人びとがいた。そうした人びとから、国家が土地を取り上げ、開発業者がアブラヤシ農園として整備した。しかし、改革時代になると、土地権を奪われたと主張する人びとが、強制移住（東京地裁の判決では非自発的移住）を余儀なくされた人びとに対して、補償を求める動きを見せていて、話は非常に複雑になってきている。

共有地なくして民族集団としてのミナンカバウ人はありえない。ジャカルタなどへ移住しているミナンカバウ人「プランタウ」（出郷者）は、それぞれの出身の村（ナガリ）ごとに同郷会を組織していて、故郷の村との精神的・象徴的なつながりを大事にしている。断食月明けの「ルバラン」には、ジャカルタからバスを何十台もチャーターして、帰省をする。

だが、ナガリが行政単位として機能しなかったスハルト時代には、そうした同郷会が故郷にカンパを送ろうとしても、どこへ送ったらいいのか困ったとのことである。故郷の村の共有地が危機にある場合、同郷会組織が支援の声明を出し、カンパを送った。カパロヒラランしかり、ムンゴしかりである。それほどまでに、故郷とのつながりは強い。

しかし、村を追われ、たとえ、距離的にはそう遠くない地区への移住ではあっても、共有地はなく、また、氏族を裏切った慣習法指導者の権威が失墜した状況下では、彼らは「故郷喪失者」となってしまった。コトパンジャン関連の文献の中で、「それぞれの（行政）村の人びとが別々の村に移住していった」、と書かれているが、これはそう大きな問題ではない。彼らの意識の中では、ナガリという区切りが重要なのであって、スハルト時代の村（デサ）は彼らのアイデンティティ形成にはほとんど意味はない。

開発ディアスポラ

ディアスポラとは自分の意思でなく移住を余儀なくされた人びと、をさす用語として今や重要な概念となっている。コトパンジャン・ダムの建設で水没した村の人びとは、彼らの意思にかかわらず、軍の強制の下、指定された地域へ移住を余儀なくされた。こうした人びとを「開発ディアスポラ」と呼んでいいだろう。開発難民という言葉もあるが、従来はおもに都市のスラムの居住者をさす用語であった。もちろん両者は重なり合う概念であるが、土地紛争との関連性を見ていく場合、開発ディアスポラの方がよりぴったりした表現であると思う。

コトパンジャン・ダム湖での養殖いかだ

東京地裁の判決の出た日の夜の「報道ステーション」で、事前にTV朝日が現地取材を行い、この判決を批判する内容の10分余りの特集を放映した。多くの反響があり、大多数は「不当判決だ」と批判するものだったと聞く。ところが、外務省は、この報道を批判する声明を発表した。裁判で日本政府の責任は免れているのであり、「事実誤認だ」というのである。

ところが実際ダム建設に賛成し、また、それにより利益を上げた人びとが少なからず存在する。彼らはカパールのアブラヤシ開発を推進した多数派ほど力を持っていないが、今も政府や電力公社との関係を強く維持している。移転の際、一部の慣習法指導者に現金が配られ、それにより移転が決定したことは前述したが、ダム湖には数多くの養殖用いかだが並んでいた。このいかだの所有者はコトパンジャンに近いバンキナンという町の有力者が多いと聞いたが、一部は移住者の所有でもある。おそらく、移転同意で受け取った「資金」が用いられていると思われる。

ダム湖の水位が予想よりも低く、水没を免れた土地を持つ人びとは、元の土地での耕作を続けている。こうしたことも、被害者の共通した意識の形成を阻害している。

移転後の住民の生活の悲惨さは、参考文献に掲げている著作に詳しいが、東京地裁の判決に大きな影響を与えていると思われる第三者調査がある。ダムの建設から完成に至るまでの、(1) 妥当性、(2) 効率性、(3) 有効性、(4) 持続性、(5) インパクトの5点について、日本とインドネシア側の専門家4人による調査である。この報告書を読むと、(5) のインパクトの項目で、移住者の生活が貧困化していること、野生生物への悪影響、周囲の森林の生産性がないことなどを挙げて、その悪影響を認めているが、それは今後のインドネシア政府側の対応で解決されるとされている。それ以外の項目では、ほぼ全面的に所期の目的は達成されたと評価している。

しかしながらこうした調査は、住民の意識を正確に反映したとは思えない。地元紙の「シンガラン」は、2009年8月14日、「コトパンジャン・ダムの水位はほとんど干上がっている」との衝撃的な記事を掲載した。8月はちょうど乾季の後期なので、水位が低いことはわかるが、これまでの調査でも、ダム湖が計画の満水位（高さ85ｍ）に達したことは雨季の大雨時を除けば稀で、ダム湖で水漏れが起きているのではないかとの指摘もある。私が見た時も、すでに雨季に入っていたが、かなり水位は低かった。

さらに、この調査が完全に見落としている問題がある。それは、移住者が「故郷喪失者」であるということである。ミナンカバウの人びとにとって、移住ということは大いに薦められてきたものである。母系社会であり、男性は村に残るよりは、外に出て、自分で人生を切り開き、故郷に錦を飾る、あるいは帰らなくても、寄付・帰省などの形で常に故郷とのつながりを大事にしてきた。それが彼らのアイデンティティ形成の最大のポイントであった。

しかしながら、故郷のナガリはすでにダムの底に沈み、共有地もなくなってしまった人びとが、どのような手段で彼らのアイデンティティを形成すればいいのか、先はまったく見えない。「ゴム園での収穫が減り、賃労働での生活をする者が多くなっている」と報告書は淡々と述べるが、単純な生活レベルでの問題ではない。

この点では、ダム被害者を支援する人びとも十分に問題を把握しているとは思えない。

共有地を失ったことでミナンカバウの文化伝統が破壊されたとは指摘するが、スハルト時代の行政村をリアリティのある共同体とみなし、そことの一体性をあまりにも強調している。ダムができなくても、行政村により、ナガリの一体性は多く損なわれていたのであるが、ダム建設で、ナガリそのものの一体性が失われてしまったのである。

カパールの少数派の共有地は、2007年多数派によって、「売られて」しまった。実際の権利関係の移転ではなく、「シリアー・ジャリアー」という補償金を村の慣習法会議に支払うことで、耕作権を得た村外者がいるということである。そのため、少数派の人びととの生活は困窮し、多くは賃労働者としてその日の生活費をかろうじて得るだけになってしまった。少数派の人びとは、今でも村にとどまっているが、彼らの置かれている立場は、コトパンジャン・ダムの完成で移住を強制された人びとの立場ときわめて近い。ともに、「開発ディアスポラ」と呼んでいいだろう。

また西ジャワのスカブミ県がインドネシアで一番女性労働者の海外出稼ぎ者が多い県だという事実を再確認する必要がある。ウォータービジネス資本によって、スカブミ県の重要な水源はミネラルウォーター生産の資源として利用され、生活用水や農業用水が不足している。アクア社などに土地を売らなくて、農民として生きていくと決意していても、肝心の水は減るばかりで、農業で食べていけなくなる。すると若者を中心に村を出るケースが多くなり、村の外で単純労働者、あるいはシンガポール、香港などでメードさんになる女性が多数出てくる。こうした人びとも開発ディアスポラと呼んでいい。

巨大ダムの建設により移住を強制された人びとは、コトパンジャンだけではなく、中ジャワのクドゥンオンボ・ダムの例がある。インドネシア最高裁で建設差し止めの判決が出たが、大統領決定でその判決が覆ったいわく因縁つきのダムであった。日本のODA援助で建設されたため、コトパンジャン・ダムはその轍を踏まないよう細心の注意がはらわれたはずだが、結果としてまったく同じ問題を引き起こしている。インドのナルマダ・ダムの場合には、環境への悪影響が懸念されるので、日本からの援助は止まったが、規模を縮小してダム建設そのものは強行され、多数のディアスポラを出現させた。

ディアスポラというと、「移民」ということにこれまで問題が限定されてきたきらいがある。巨大開発によりディアスポラとされてしまった何万、何十万という地域住民がいることを改めて考えないとならないだろう。

インドネシアの土地紛争を見ていると、紛争が地域限定的で、支援の広がりがほとんどないということである。西スマトラでの土地紛争の場合、「農民漁民連合」という組織が紛争地間の連絡と提携を行っているが、資金的な問題では「ワルヒ」(アース・インドネシア)に依存していて、そう強力な組織ではない。

さらに、コトパンジャンでの紛争はあまりにも遠い問題として、あるいはすでに終わった問題として、西スマトラの紛争地では考慮されることは少ない。土地紛争の支援を行っているNGO関係者でも、無関心という基本的な認識は変わらない。こうした状況を変えるためにも、開発ディアスポラという共通の場で議論することは有効であろう。

終　章　土地紛争、「改革」時代10年の軌跡

地方自治と資源管理

松井和久氏の編集した『インドネシアの地方分権化』は、地方分権化時代における資源管理の問題でも有益な考察を行っている。

たとえば、深尾康夫氏の「ポストスハルト時代地方政治の構図――リアウ群島州分立運動の事例から」では、リアウ州から島嶼部が独立してリアウ群島州が出来上がる過程を、現地人エリート層の対立と資源管理をめぐる共同歩調のポリティックスが、地方政治のレベルでいかに発揮されたかを鮮やかに分析している。

地方自治法施行後、県と州に財政上の権限が移管され、独自の開発が行えるようになった。だがそれにより、汚職も増えた。スハルト時代には特定の有力者に1回支払えばよかったものが、改革時代になってからは、何カ所もそうした賄賂の支払いが必要となり、ま

シチャウン灌漑沿いに置かれた水道管

た実際の「効果」もわからなくなってきた、とのぼやきも聞こえる。
そうした汚職と合法的な政治との境界上の事例には事欠かない。
たとえば、カパロヒラランでの水戦争は、パダン・パリアマン県の新県都へ、カパロヒラランから水を引く計画で引き起こされた。この計画は、現在の県知事の母と妻の出身地である、パリット・マリンタンへの強引な利益誘導といった側面が強く、新県都選出の理由がまさに我田引水ということにその原因がある。
あるいは、オンビリン炭鉱で州知事が、まったく採炭事業を行っていない会社に採掘権を与え、違法採炭業者と結託して、利益を上げている。「改革」時代の地方自治とは、このような恣意的な権力の行使を許す体制であったのか。

それぞれの自治体は独自の財源を確保するのに躍起となっている。西パサマン県の財政の半分以上は、アブラヤシ農園からの税金で賄われている。これはナガリレベルでも同じである。カパールの財政のうち、中央政府から支給される年間予算の5分の2に匹敵する金額を、村内にある企業からの「寄付」に頼っている。こうした財政上の理由から、土地紛争において、各自治体が自治体内の企業に対して強い態度で臨めなくなっていることにつながっている。

西ジャワのウォーターービジネスの集積地スカブミ県では、中央政府と地方政府間の予算配分法により、水利税収入の70%がスカブミ県政府に入るはずである。だが、肝心の水源のあるチダフ郡とチチュルグ郡にはほとんど還元されておらず、村落部では資源を収奪されるだけである。また、チボダスゴルフ場やグデ・パングランゴ国立公園からの収入の多いチマチャン村の収益のほとんどは、チアンジュル県に吸い上げられている。

アブラヤシ開発のための土地取得でも、スハルト時代よりもむしろ状況は悪化している。改革時代のアブラヤシ開発は「友好」政策の下、さらに企業の利益を高めるよう露骨な土地配分を住民に強いている。ただ、リアウ州のシアック県では、そうした状況とは大きく異なるアブラヤシ開発も展開されていて、そこにわずかな希望を見出せる。

過剰なるアダット

改革時代の特徴の1つとして、アダット（慣習法）という言葉が過剰に強調されていることである。この問題については、第2章で引用した、『インドネシア政治における伝統の復活』（2007年）に詳しいが、杉島敬志氏の中部フローレスでの事例分析も参考にした。西スマトラでは、地方自治によりナガリが復活したが、これはかならずしも「民主化」の徹底にはつながっていない。

フランツ&キーベット・ベックマンは、「アダットは大きな象徴的・レトリック上の重要性を獲得し、それにより政治的な行動を加速させた。〝ナガリに回帰しよう〟という議論は、アダットと村の慣習法会議により大きな役割を与えることとして理解された。（デサから）ナガリへの復帰はより大きな国家的な政治の枠内での象徴的な行為となった。村内政治のレベルでは、ナガリ自治体とアダットの強調は、多くの社会的な悪を一掃する、あるいは最小にすることが意図された」と述べ、ナガリへの復帰がアダットの強化という現象として出現していることを強調している。

これは私の観察でも是認できる。フランスでは，「反ベール法」が話題になった。公共の場で，イスラーム女性の象徴である頭を覆うベール（ジルバッブ）のような宗教的なシンボルを身につけることを禁じる法律である。しかしながら，西スマトラのいくつかの県（たとえばアガム県とかソロック県など）では，その反対に，「反・反ベール法」ともいうべき条例が可決された。つまり，公共の場では，「かならずジルバッブを身につけること」と強制された。女性だけではなく，慣習法指導者の男性の場合，村内の重要な会議に出席する場合には，平服ではなく，ミナンカバウの伝統的な服装をすることが義務とされた。

こうしたアダットの過剰は，改革時代をどこに向かわせようとしているのであろうか。西欧流の民主化を期待する向きには，過剰なアダットの氾濫には，困惑を覚えるであろう。

ベンダベックマン夫妻はアダットの中身は同質的ではなく多義的であることを，つぎのように述べている。「「共有財」を同質的なものと理解し，その「共有財」の多義性を見ず，種々の権利関係が複雑に入り組んだものと理解しないならば，そうした試みは必ず失敗する」。

ミナンカバウは母系制社会でありながら、父系原理の強いイスラームを受容していることで、世界でも注目されている社会である。イスラームとアダットは両立できるのか、あるいは両者の関係はどうなのか、研究者の注目は高まった。

ミナンカバウ出身の歴史家タウフィック・アブドゥラーの研究では、「アダットが常にイスラームへ妥協を重ねる歴史である」とされている。その例として、20世紀初頭の「カウム・ムダ」と呼ばれたイスラーム改革運動がいかにして、「カウム・トゥア」と呼ばれたイスラーム保守派を凌駕していったかが分析されている。ムハマッド・ラジャブの『スマトラの村の思い出』の中で、マニンジャウ湖周辺の村々でカウム・ムダ運動が村落部に浸透する様子が生き生きと描かれている。日常生活でイスラームの教義が厳密に適用され、「人の死はアッラーの意思」と理解する傾向が強まると、葬儀は簡素化されだした。

しかしながら、母系共有財の相続では、イスラームはほとんど影響をおよぼしていない。近代化とグローバリゼーション、さらには、アジア通貨危機後のIMFなどからの融資を受ける条件として突きつけられた「ネオ・リベラリズム」経済への適応など、インドネシアを取り巻く情勢は厳しい。そうした中、土地紛争の解決への架け橋をイスラームに求めることは現状では困難である。多義的なアダットの解釈を決定するのは、利害関係であって、イスラームという共通項ではない。

多くの村で、村の意見を代表する有力者に、宗教界代表者が入っている。だが、私が知る限り、彼らが何らかの調停機関として機能しているという事実はない。ＬＫＡＡＭ（全西スマトラアダット会議）が全西スマトラでのアダットの問題を解決する最高機関とされているが、スハルト時代の「アダット会議は政治には関与しない」という原則に縛られ、現在でもほとんど調停機関としての力を持っていない。

ジュンガワ闘争の罠

土地紛争は「改革」時代の開始とともに、爆発的に全インドネシアで展開されたが、その後の歴史はほとんどの地域で惨憺たる経過をたどっている。そうした問題についてこれまで詳細に論じてきたが、唯一の例外は、東ジャワ州ジュンベル県、ジュンガワ農民の闘いであったといわれてきた。数千㌶の国営タバコ農園の土地が、耕作農民に分与されたのである。「ジュンガワの勝利」として、アントン・ルーカスとキャロル・ウォレンの論文で高く評価されたのであるが、その後暗雲が漂ってきている。

２００２年11月11日の「ジャカルタ・ポスト」紙は、「タバコ耕作民の怒りが土地権証書問題で高まっている」と題して、つぎのように報じている。

国家土地局は、国有タバコ農園の利害が地元農民の利害と衝突していることを非難している。東ジャワのジュンガワ郡のタバコ耕作農民は、土地局発行の土地権証書が無効であることに激しい怒りを表明している。

第9国営タバコ農園の土地権返還闘争で農民は土地権の確認を認められ、土地権証書を発行されたが、実は、「土地局の許可がない限り売買はできない」という付帯条項が付いたものであり、農民はその条項のない新たな証書の発行を要求している。

その条項の意味していることとは、農民は、土地権を使って銀行から融資を受けることもできないし、第三者に土地を売ることも、あるいは彼らがその土地に合う作物を植え付ける自由もないということだ。

ある農民は、「この証書はまやかしだから、返還する」と記者に話した。この問題は、二人の農民が銀行から融資が得られないことで発覚した。その二人の農民は、2002年5月土地権証書を発行してもらったが、銀行側の説明によると、土地権を証明するその書類はジュンバル県土地局の許可なしには売買の出来ないことが記されている、という。

国営農園はすでに40年以上この地でタバコを栽培し続けている。会社の説明では政府との契約で契約が終了するまで（事業権が続く限り）耕作権があるという。数十人の犠牲者と数百人の重傷者を出した激しい闘争の結果、1998年7月、ジュンバル県土地局は国営第9タバコ農園の土地を参加農家に分与することを決定した。

土地権証書の不備が分かって以来農民は何度も当局へ激しいデモをかけ、説明を求めているが、まだ何の返事もない。「われわれは二度とだまされない。当局が納得のいく説明をしない限り、事態はさらに悪化する！」とある有力な農民指導者は語った。

ジュンバル県土地局長は、「証書はまやかしではない。農民が銀行から融資を受けることと付帯条項は矛盾しない。もしまやかしであるのならば、なぜまだ数千人の農民が発行を希望しているのか」と反論している。彼によると、当局はすでに1998年以来郡内で3,200通の証書を発行し、今後5,000人の農民に発行予定である、という。彼の説明では、「土地はジュンバル県外の第三者に売買はできない」という付帯条項であるという。

ジュンバル県土地局に押し掛けた農民は口々にこう批判した。「土地局は国営タバコ農園を支持している。そうした付帯条項がないと、農民から農園にタバコの供給がなされなくなる恐れがあるので、その付帯条項を付けたのだ」。彼らは新たな闘争の開始に言及した。「もし当局が農民の利益を真に認めるのであれば、土地に対する完全な権利を認めることだ。もちろん、売ることも、また好きな作物を作る権利を認めることだ」と語っている。

現状では、農民が自由に処分できる完全な土地権ではないことは確かである。事業権が続く限り、また事業権は半永久的に延長できるので、国営農園はタバコ栽培を続けられるのであり、土地を分与しても農園にとってはそう悪いことではない。「ジュンガワの勝利」という表現には、かなり留保がいる。

2004年2月には、アブドゥルラフマン・ワヒッド前大統領（2009年12月死去）を前にして、数百人の農民が国家による解決を訴えた。この問題は現在でも続いている。

「扇動者」とは誰のことか

松井和久氏は前記の編著の中で、分権化以降、州レベルで治安・秩序部門の支出が増えたことを強調している。「2000年に開発歳出に占める比率が0・3%であったのが、2001年には2・1%、2002年には3・9%と大幅に上昇している」事実を指摘する。松井氏は、「分権化後も軍や警察は分権化の対象になっていない、中央政府からは住民抗争や国内避難民の対策・予防に州政府のイニシアティブを期待する声がある」と述べ、治安部門の支出の増加が分権化時代に逆に増えた背景を説明している。同じことは、『インドネシアにおける暴力のルーツ』の中で、リム・スイ・リヨンが述べている。

改革時代の土地紛争の中で、スハルト時代だけではなく、植民地時代以来の「遺産」がまだ残っている。治安関係部門の暗躍は本書で詳しく述べてきたが、そうした治安部門関係者が頻繁に用いる言葉が、「扇動者」という言葉である。

ムンゴでもカパールでも、ある人物を逮捕する容疑はかならずこの「扇動者」という言葉が使われた。

植民地時代、この言葉はオランダ支配に反抗するナショナリストをさす言葉であった。スハルト時代には、国家転覆を画策する共産主義者のこととされ、そして「改革」時代の現代では、軍・資本家の利益を妨害する破壊分子をさす言葉であるのだろうか。

ユドヨノ大統領が再選された2009年、国軍の民主化が最大の懸案とされている。

2009年10月15日の「ジャカルタ・ポスト」紙には、「軍ビジネスの終わり？」と題されたウスマン・ハミッドの寄稿論文が掲載された。軍の民主化の達成には、軍ビジネスを完全に市場原理下に置くことが必要であるという内容である。それにより軍は本来の任務に専念でき、軍や国家の庇護下にあって正当な競争と負担を逃れてきた軍ビジネスを市場の管理下に置くことで、正当な利益が国家にもたらされる。軍出身のユドヨノ大統領の最後の仕事は、軍ビジネス改革を在任中に実行することである。

ウスマン・ハミッドが言うように、不当な利益を生み出す軍ビジネスが廃止された日こそ、インドネシアの民主化は飛躍的に向上するであろう。だがその日は本当に来るのだろうか。

参考文献

序　章

加納啓良『現代インドネシア経済史論、輸出経済と農業問題』東京大学出版会、２００３年。

中島成久『屋久島の環境民俗学——森の開発と神々の闘争』明石書店、１９９８年（『森の開発と神々の闘争—改訂増補版　屋久島の環境民俗学』２０１０年）。

中島成久「祝福されるオランダ植民地支配——インドネシア、西スマトラ州の共有地返還闘争における過去の認識」『インドネシアにおける土地権と紛争』中島成久編、ＣＩＡＳディスカッションペーパー第15、２０１０年。

永渕康之『バリ・宗教・国家——ヒンドゥーの制度化をたどる』青土社、２００７年。

Kahn, Joel, *Constituting the Minangkabau: Peasant, Culture, and Modernity in Colonial Indonesia*, BERG, 1993.

Lucas, Anton and Warren, Carol, The State, The People, And Their Mediators: The Struggle Over Agrarian Law Reform in Post-New Order Indonesia, INDONESIA 76, 2003.

Von Benda-Beckmann, Franz and Keebet. How Communal is Communal and Whose Communal is it? Lessons from Minangkabau, *Changing Properties of Property*, edited by Franz von Benda-Beckmann, Keebet von Benda-Beckmann and Melanie G. Wiber, Beghahn Books, 2006.

第1章

大木　昌『インドネシア社会経済史研究、植民地期ミナンカバウの経済過程と社会変化』勁草書房、１９８４年。
白石　隆「「開発」国家の政治文化、インドネシア新秩序を考える」『ナショナリズムと国民国家』土屋健治編、東京大学出版会、１９９４年。
中島成久　*Tanah Ulayat* and the *Pembangunan* Issues in West Sumatra,「異文化」（論文編）第４号、法政大学国際文化学部紀要、２００３年。
村井吉敬・佐伯奈津子・久保康之・間瀬朋子『スハルトファミリーの蓄財』コモンズ、１９９９年。
Afrizal, *The Nagari Community, Business and The State, the Origin and the Process of Contemporary Agrarian Protests in West Smatra*, Indonesia, Sawit Watch, 2007.
Bachriadi, Dianto & Lucas, Anton, *Merampas Tanah Rakyat : Kasus Tapos dan Cimacan*（『民衆の土地の簒奪―タポスとチマチャンの事例』）KPG (Keputusan Populer Gramedia), 2001.
Dianto Bachriadi, Land, Rural Social Movements and Democratization in Indonesia, http://www.tni.org//archives/reports/landpolicy/bachriadi-indonesia.pdf
Kahin, Audrey, *Rebellion to Integration, West Sumatra and the Indonesian Polity*, Amsterdam University Press, 1999.
Lucas, Anton, Land, Livelihood and Village Governance: The Cimacan Land Dispute 1987-2008′『イン

ドネシアにおける土地権と紛争』中島成久編、ＣＩＡＳディスカッションペーパー第15、２０１０年。

Lucas, Anton & Warren, Carol, Agrarian Reform in the Era of *Reformasi*, in *Agrarian Angst and Rural Resistance in Contemporary Southeast Asia*, edited by Dominique Caouette and Sarah Turner, Routledge, 2009.

Manning, Chris & Van Diermen, *Indonesia in Transition, Social Aspects of Reformasi and Crisis*, Zed Books, 2000.

Nakashima, Narihisa, On the Legitimacy of Development: A Case Study of Communal Land Struggle in Kapalo Hilalang, West Sumatra, Indonesia, Journal of International Economic Studies, No.21, The Institute of Comparative Economic Studies, Hosei University, 2007.

Rieffel, Lex and Pramodhawardani, Jaleswari, *Out of Business and on Budget: The Challenge of Military Financing in Indonesia*, Brookings Institution Press, 2007.

Soeharto, *Otobiografi Soeharto : Pikiran, Ucapan, dan Tindakan Saya. seperti dipoporkan kepada G. Dwipayana dan Rakadha KH*（『スハルト自伝』）、P. T. Citra Lamtoro gunung persada, 1989.

第2章

杉島敬志編『土地所有の政治史、人類学的視点』風響社、１９９９年。

中島成久「インドネシアの母系社会における国家とエスニシティ―ミナンカバウの家族の言説をめぐって」『国家のなかの民族―東南アジアのエスニシティ―』綾部恒雄編、明石書店、１９９６年。

中島成久「ミナンカバウの女性―スハルト新体制下の母系制社会の現実」『女の民族誌１』（アジア篇）綾部

恒雄編、弘文堂、１９９７年。
水野広祐「インドネシアにおける土地権転換問題――植民地期の近代土地権の転換問題を中心に――」『東南アジアの経済開発と土地制度』水野広祐・重富真一編、アジア経済研究所、１９９７年。
宮本謙介『インドネシア経済史研究――植民地社会の成立と構造――』ミネルヴァ書房、１９９３年。
ラジャブ、ムハマッド『スマトラの村の思い出』加藤剛訳、めこん、１９８３年。
Burkerd, Gunter, Locating Rural Communities and Natural Resources in Indonesian Law: Decentralization and Legal Pluralism in the Lore Lindu Forest Frontier, Central Sulawesi, 2008, http://ufgb989.uni-forst.gwdg.de/DPS/pdf/SDP26.pdf
Kato, Tsuyoshi, Different Fields, Similar Locusts: Adat Communities and the Village Law of 1979 in Indonesia, INDONESIA,Vol 47, 1989.
Moriaga, Sandra, From Bumiputera to Masyrakat Adat: A Long and Confusing Journey, *The Revival of Tradition in Indonesian Politics*, edited by Davidson & Henley, Routledge, 2007.
Sangaji, Arianto, The Masyrakat Adat Movement in Indonesia: A Critical Insider's View, *The Revival of Tradition in Indonesian Politics*, edited by Davidson & Henley, Routledge, 2007.
Vu Tuong, Indonesia's Agrarian Movements: Anti-Capitalism at a Crossroad, in *Agrarian Angst and Rural Resistance in Contemporary Southeast Asia*, edited by Dominique Caouette and Sarah Turner, Routledge, 2009.

第3章

岡本幸江編『アブラヤシ・プランテーション——開発の影、インドネシアとマレーシアで何が起こっているか』日本インドネシアNGOネットワーク、2002年。

ジワン、ノルマン&アンディコ「アブラヤシブーム下におけるインドネシア民衆の権利」『インドネシアニュースレター』第63号、JANNI（日本インドネシアNGOネットワーク）、2008年。

ストーラー、アン・ローラ『プランテーションの社会史——デリ、1870〜1979』法政大学出版会、2007年。

鶴見良行・宮内泰介編著『ヤシの実のアジア学』コモンズ、1996年。

ティウォン、シルビア他編『軍が支配する国インドネシア、市民の力で変えるために』（福家・岡本・風間訳）コモンズ、2002年。

中島成久「開発と環境の人類学——共生と持続性をめぐって」新訂『文化人類学、文化的実践知の探究』江渕一公・松園万亀雄編、放送大学教育振興会、2004年。

林田秀樹「インドネシアにおけるアブラヤシ農園開発と労働力受容——1990年代半ば以降の全国的動向と北スマトラ・東カリマンタンの事例から」『社会科学』79号、pdf。

Barlow, Colin, Zen, Zahari and Gondowarsito, Ria. (2003). The Indonesia Oil Palm Industry, MPOB, http://www.aceh-eye.org/data_files/english_format/environment/env_palm/env_palm_analysis/env_palm_analysis_2003,pdf

Colchester, Marcus & Jiwan, Norman & Andiko & Sirait, Martua & Firdaus, Asep Yunan & Surambo, A. & Pane, Herbert, *Promised Land: Palm Oil and Land Acquisition in Indonesia*, Forest Peoples

Programme, Perkumpulan Sawit Watch, HUMA and the World Agro forestry Centre, 2006.
Friends of the Earth, Life Mosaic and Sawit Watch. *Losing Ground, The human rights impacts of oil palm plantation expansion in Indonesia,* A report by Friends of the Earth, Life Mosaic and Sawit Watch, 2008, http://www.wrm.org.uy/countries/Indonesia/losingground.pdf
Liem Soei Liong, "It's Military, Stupid!," *Roots of Violence in Indonesia*, edited by Freek Colombijn and J. Thomas Lindblad, Institute of SoutheastAsian Studies, 2002.
McCarthy, John, Coming to Fruition: Understanding the dynamics of agrarian development in the Oil Palm districts of Indonesia、『インドネシアにおける土地権と紛争』中島成久編、ＣＩＡＳディスカッションペーパー第15、２０１０年。
Nakashima, Narihisa, Oil Palm Development and Violence—A Case Study of Communal Land Struggles in Kapar, West Sumatra, Indonesia,「異文化」法政大学国際文化学部紀要（論文編）第11号、２０１０年。
Oetami, Dewi, Resistance of Indigenous People (Plasma Farmer) on an Oil Palm Plantation in West Kalimantan、『インドネシアにおける土地権と紛争』中島成久編、ＣＩＡＳディスカッションペーパー第15、２０１０年。
Potter, Lesley, Oil Palm and Resistance in West Kalimantan, Indonesia, *Agrarian Angst and Rural Resistance in Contemporary Southeast Asia*, edited by Dominique Caouette and Sarah Turner, Routledge, 2009.
Scot, James, *Weapons of the Weak: Everyday Forms of Peasant Resistance*, Yale University Press, 1985.
van Gelder, Jan Willem, *European Buyers of Indonesian Oil Palm*, Netherlands: Profundo, 2004.
Zen, Zahari & McCarthy, John & Gillespie, Piers, *Linking Pro-Poor Policy and Oil Palm Cultivation, Policy*

Briefs 5, Australian National University, 2008.

第4章

国際調査ジャーナリスト協会（ＩＣＩＪ）『世界の〈水〉が支配される！――グローバル水企業の恐るべき実態』（佐久間智子訳）作品社、２００４年。

中島成久「発展するウォーター・ビジネスの陰で起きていること～民営化と地域社会への影響」『インドネシアニュースレター』68、日本インドネシアＮＧＯネットワーク、２００９年。

中島成久「水をめぐる紛争、西スマトラの水利事業」『異文化』（論文編）第11号、法政大学国際文化学部、２０１０年。

「水道分野の国別援助の方向」水道分野のＯＤＡ方針検討会報告書、平成16年1月、社団法人 国際厚生事業団。

Ambler, John, "*Adat" and Aid: Management of Small-Scale Irrigation in West Sumatra, Indonesia*, UMI Dissertation Service, 1989.

Biezeveld, Renske Laura, Right to Irrigation and Drinking-Water, in *Between Individualism and Mutual Help in a Minangkabau Village*, Eburon, 2002.

Controversy on the Commercialization of Water in Indonesia, INFID News, August, 2005.

Hadad, Nadia, Water Resource Policy in Indonesia: Open Doors for Privatization, INFID and People's Coalition for the Right to Water, Posted on December 12 2003.

Von Benda-Beckmann, Franz, Contestations Over a Life-giving Force, Water Right and Conflicts, with special reference to Indonesia, in *A World of Water: Rain, Rivers and Seas in Southeast Asian Histories*, edited by Peter Boomgaard, KITLV Press, 2007.

Yonariza, Implementation of Irrigation Management Reform Policy under External Support: Sustainability Question, A Preliminary Observation in West Sumatra, Indonesia, Paper prepared for RCSD Conference "Politics of the Commons: Articulating Development and Strengthening Local Practices, 2003, pdf.

第5章

「インドネシア共和国 コタパンジャン水力発電および関連送電線建設事業(1)(2) 第三者評価報告書」（参考和訳） ｐｄｆ、ＪＢＩＣホームページ。

久保康之編『ＯＤＡで沈んだ村、インドネシア・ダムに翻弄される人びと』コモンズ、２００３年。

村井吉敬「東南アジアの開発と環境問題」『講座地球環境学２　地球環境とアジア』村井吉敬、安成哲三・米本昌平編、岩波書店、１９９９年。

森下明子「カリマンタンの社会、経済、政治～なぜ民族紛争が起きたのか」『インドネシアニュースレター』69号、日本インドネシアＮＧＯネットワーク（ＪＡＮＮＩ）、２００９年。

鷲見一夫『住民泣かせの「援助」――コトパンジャン・ダムによる人権侵害と環境破壊報告』明窓出版、２００２年。

Collins, Elizabeth Fuller, *Indonesia Betrayed, How Development Fails*, University of Hawaii Press, 2007.

Erman, Erwiza, Illegal Mining in West Sumatra: Access, Actors, and Agencies in the Post Suharto-Era,

Dinamika Kota Tambang Sawalunto（『鉱山都市サワルントのダイナミックス』）edited by Alfan Miko, Padang, Andalas University Press, 2006.
Herriman, Nicholas, The Killings of Alleged Sorcerers in South Malang, *Violent Conflicts in Indonesia; Analysis, Representation, Resolution*, edited by Charles A. Coppel, Routledge, 2006.
Loveband, Anne and Young, Ken, Migration, Provocateurs and Communal Conflict; the Case of Ambon and West Kalimantan, *Violent Conflicts in Indonesia; Analysis, Representation, Resolution*, edited by Charles A. Coppel, Routledge, 2006.
Peluso, Nancy Lee, Passing the Red Bowl; Creating Community Identity through Violence in West Kalimantan, 1967-1997, *Violent Conflicts in Indonesia; Analysis, Representation, Resolution*, edited by Charles A. Coppel, Routledge, 2006.

終　章

杉島敬志・中村　潔編『現代インドネシアの地方社会――ミクロロジーのアプローチ』ＮＴＴ出版、２００６年。
松井和久編『インドネシアの地方分権化――分権化をめぐる中央・地方のダイナミクスとリアリティー』アジア経済研究所、２００３年。
Von Benda-Beckmann , Franz and Keebet. *Recreating the Nagari: Decentralization in West Sumatra*, Working Paper No.31, Max Planck Institute for Social Anthropology, 2002.

《著者紹介》

中島成久（なかしま・なりひさ）

1949年鹿児島県生まれ。九州大学大学院教育学研究科博士課程（文化人類学専攻）中退。

九大助手を経て，1982年法政大第一教養部助教授，1992年教授。2000年より国際文化学部教授（現在に至る），2003年国際文化研究科教授併任。ガジャマダ大学留学，コーネル大学，スタンフォード大学客員研究員。

主要著書

『森の開発と神々の闘争——改訂増補版 屋久島の環境民俗学』明石書店，2010年。

編著『グローバリゼーションのなかの文化人類学案内』明石書店，2003年。

『ロロ・キドゥルの箱——ジャワの性・神話・政治』風響社，1993年。

訳　書

アン・ストーラー『プランテーションの社会史——デリ，1870～1979』法政大学出版会，2007年。

ベネディクト・アンダーソン『言葉と権力——インドネシアの政治文化探求』日本エディタースクール出版部，1995年。

（検印省略）

2011年５月20日　初版発行　　略称－土地紛争

インドネシアの土地紛争
―言挙げする農民たち―

著　者　中　島　成　久
発行者　塚　田　尚　寛

発行所　東京都文京区春日２－13－１　株式会社　創　成　社

電　話 03（3868）3867　　ＦＡＸ 03（5802）6802
出版部 03（3868）3857　　振　替 00150-9-191261
http://www.books-sosei.com

定価はカバーに表示してあります。

ISBN978-4-7944-5048-7 C0236
組版：でーた工房　印刷：平河工業社
製本：宮製本所